U0170300

一步万里阔

未来IT图解

Illustrate the future of "IT"

5G

未来 IT 図解 これからの 5G ビジネス

（日）石川温／著

王越骐／译

中国工人出版社

前　言

2020 年春季，在日本，5G（第 5 代移动通信技术）开始投入商用。

迄今为止的 4G 通信，主要实现了人与人之间的智能终端通信。而放眼 5G，不仅是人和人，更是为实现万物互联带来了可能。

一台 5G 智能手机，就意味着和所有连接 5G 的事物相联通。比如，在购物时随身携带一台 5G 智能手机，在结账时就不需要进行任何操作，直接由智能手机和收银台通信，自动完成付款。

5G 智能手机上将会装上更先进的 AI（人工智能），它感知你的想法，并及时提供你所需要的信息和内容。5G 手机将成为你的“助理”，发挥重要作用。未来，即使你不会外语，5G 手机的 AI 会去理解对方的语言，并为你翻译。而你的语言也同样被自动翻译成外语传达给对方。

不仅如此，5G 还将为各行各业带来巨大变革。比如在生产设备、汽车、飞机上安装传感器，连接 5G 后，传感器会精准地感知这些设备状态的细微变化，在即将发生故障之前，及时地发出预警通知。5G 实现商用后，大量的数据会被传到云端，并在云端由 AI 进行大数据分析处理。

近来我们常常会听到“数字化转型”。数字化正在推动所有行业发生变革。我们日常工作、职业、公司运营的方方面面，也都在积极寻求数字化转型。而 5G，正是推动数字化转型的重要引擎。

未来 10 年，5G 将成为我们生活的必需品。需要警惕的是近来也出现了“5G 泡沫”，即数字媒体和运营服务稍显过度的问题。

本书对 5G 的基础知识、应用案例进行介绍，并对未来发展作出冷静思考。希望读者能从本书中对“真正 5G 的开始”“什么是 5G 的本质”这些问题的答案有所收获。

石川温

5G
让世界大不同!

华为在5G时代势不可当

中国华为占据了
全球5G专利的头把交椅

全球范围内,通信运营商和
互联网企业的合并方兴未艾

超越国界、大型企业的合并和
收购正在发生。

2020年春季，在日本，5G开始投入商用。
在率先发展5G的美国和韩国，
行业整合与新兴事物不断涌现。
随着5G全球普及时代的降临，我们的未来将如何改变？

苹果公司的产品越发受到欢迎

5G新机型以及5G模块的成功开发，吸引全球目光。

谷歌强化收集用户信息，提供便捷服务

通过对浏览视频和搜索记录等信息的价值深挖，5G将带来新的应用场景。

生活、工作大不同！

告别拥挤的地铁，VR参加会议

视频会议正在普及，而 VR（虚拟现实）技术将进一步助力远程办公，实现在虚拟空间的会议。也许在不远的将来，我们就可以告别地铁早高峰的拥挤。

支付无须现金，公交卡也变得多余

随着 5G 技术的应用，无现金支付将更加普及。

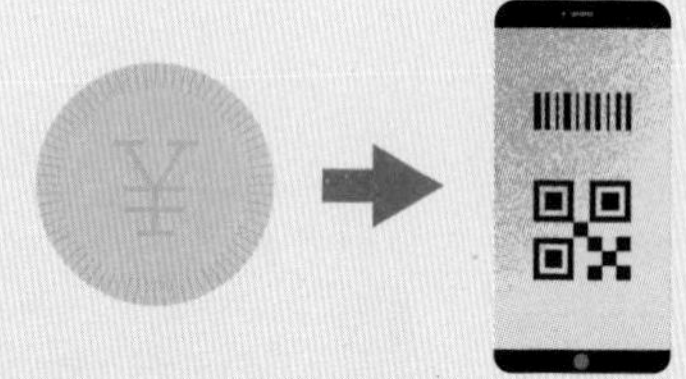

减少交通事故，维护行人安全

5G 带来的自动驾驶，将有助于减少堵车和交通事故。随着 5G 渗透到交通网络，人为失误造成的事故也会越来越少。

随着5G的普及，企业的业务内容、工作方式以及提供的服务内容都将发生改变。那么在我们的身边，都将会出现什么样的变化呢？让我们来看几个具有代表性的案例。

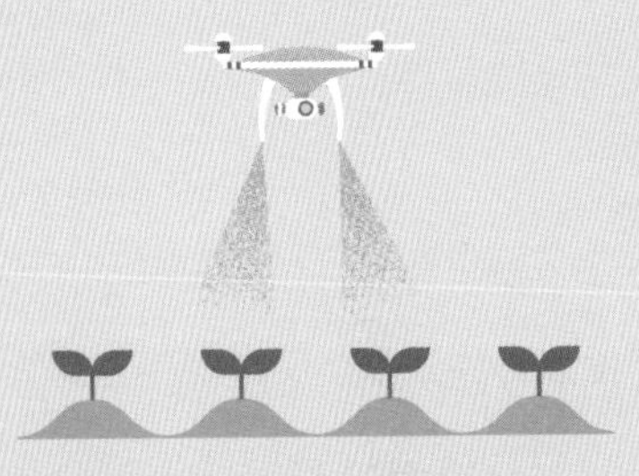

解决劳动力不足的问题

在建筑、餐饮以及基础建设的维护和运行等行业，通过对5G、IoT（物联网）以及AI的应用，远程操作得以实现和普及，从而有效解决劳动力不足的问题。

不论小镇还是乡村，都拥有和大都市一样的便捷和舒适

在当前，乡村生活往往意味着各种不便。而5G技术改善了通信环境，将便利的服务和商品带到每个人身边。

远程医疗，不去医院也能得到专业的诊疗

由于图像识别技术不断进化，通信更加通畅，患者足不出户，通过手机就能得到专业医师的诊疗。医生的工作也变得高效和轻松。

目录

前言 001

PART 1
什么是 5G?

01 移动通信的基本原理 002
02 移动通信的生命线：无线电波 004
03 移动通信技术不断更迭 006
04 iPhone 闪亮登场 008
05 2020 年开始投入使用的 5G，究竟是什么? 010
06 5G 的特点① 前所未有的高速度和大容量传输 012
07 5G 的特点② 汽车远程操控不可或缺的“超低延迟” 014
08 5G 的特点③ IoT 时代不可或缺的“多设备连接” 016
09 支撑 5G 的两种网络 018
10 乐天移动的强大武器：全虚拟网络 020
11 按需分配网络资源的利器：网络切片 022
总结 什么是 5G? 024
专栏 5G 小故事①
为何在美国、中国，5G 得以迅速推广? 026

PART 2
5G 如何让世界大不同?

01 通信行业争霸赛：谁笑到最后? 028
02 谁是世界首创? 韩国与美国的 5G“首创”之争 030
03 日本的通信行业动向：5G 发展被世界甩在身后? 032
04 三家主要通信商异口同声说“KyoSou” 034

05 智能手机转型为周边设备的连接中心 036
06 5G 催生手机新形态：折叠智能手机 038
07 2 in 1 平板笔记本：移动设备性能赶超 PC 040
08 智能眼镜：眼镜型可穿戴设备 042
09 VR：借 5G 高速传输之力走向大众 044
10 远程驾驶新概念车“SC–1”：车窗变身娱乐和广告新平台 046
11 MR：现实和虚拟空间的融合带来技术新突破 048
12 5G× 摄像头 ×AI：改变商业 050
13 促进地方产业发展：赛马欢不欢，8K 摄像机和 5G 来查看 052
14 零售业：无人超市逐渐普及 054
15 重型设备的远程操控：解决劳动力不足，改善工作环境 056
16 远程机器人：离岛的医疗和救助 058
17 自动驾驶①：一人驾驶，队列巡航 060
18 自动驾驶②：无人驾驶售卖车、无人驾驶出租车 062
19 IoT：足球内置传感器解析球员动作 066
20 医疗：5G 远程来诊疗 068
21 教育：学生们需要 5G 网 070
22 促进地方发展：重视“基础设施普及率” 072
23 农业：缓解劳动力不足，消除坏天气的影响 074
24 无人机：装备摄像头和 5G，活跃于基础设施和安全领域 076
25 交通：乘坐地铁、飞机进入无接触搭乘时代 078
26 工厂：实时性和稳定性助力打造智能工厂 080
27 观光：列车窗户变身触控屏 082
28 演唱会：多台现场摄像机视角由你做主 084
29 云游戏：各家公司竞相搭建游戏平台 086
30 体育赛事直播：多角度自由掌控 088

31　电视媒体：全民直播，活力四射　090
32　社交媒体：视频编辑 AI 将成为明星 App　092
33　智慧城市：路上万物，皆在联网　094
总结　5G 为社会经济带来怎样的变化　096
专栏　5G 小故事②
为了推广 5G 应用而试错的通信公司　098

PART 3
改变世界，改变未来

01　MEC：实现超低延迟的通信技术　100
02　高精度位置信息 ×5G：实现误差仅数厘米的高精度定位服务　102
03　5G 推动移动通信行业和 IT 行业的整合　104
04　两种 eSIM：使用方便，轻松切换　106
05　乐天移动：新玩家的大计划　108
06　苹果和高通：和解的背景　110
07　企业和地方政府开展的“局部 5G”服务　112
08　信号从天而降的 HAPS 技术　114
09　2030 年，关注 6G 动向　116
总结　5G，如何改变未来　118

专业词汇　120

PART

1

什么是5G？

SECTION 01:

移动通信的基本原理

手机通过无线网络进行通信。
通信运营商在全国各地搭建通信基站，对用户即时精准定位，
从而实现了声音和网络信号的传输。

◆基站让无线通信得以实现

以智能手机为代表的无线通信设备，可以通过无线信号传输声音和数据。作为手机之间通信的中间枢纽，基站（天线）发挥了重要作用。通信基站遍布全国。几家主要的通信业务公司（通信运营商），如NTT Docomo、KDDI、软银公司等，在日本全国布置了多达20万个基站。由于单个基站的覆盖范围（通信区域）有限，为了覆盖整片区域，就需要设置相当多的基站。

从手机发出的声音信号，通过基站和数据交换机，就可以发送到同一家运营商的其他手机上。而需要将信号传输到非同一家运营商的手机时，则需要信号经过多系统接入平台（POI）进行传输。此外，邮件、短信、网络数据等，也是这样通过服务器来进行数据的传输交换。

◆信号网络对用户的精准定位

手机发送和接收信号时，需要首先在信号网络上对手机进行精确定位。手机开机时，会开始自动搜索基站并和基站进行信息交换，获取位置信息。位置信息每间隔一段时间刷新，所以即使发生位置变化，负责该区域的地面控制站也会及时更新位置信息。所以，每当来电时，不论你在哪里，信号都会根据地面控制站的位置信息，由交换机通过距离你最近的基站，发送到你的手机上。

[01] 手机通信的原理

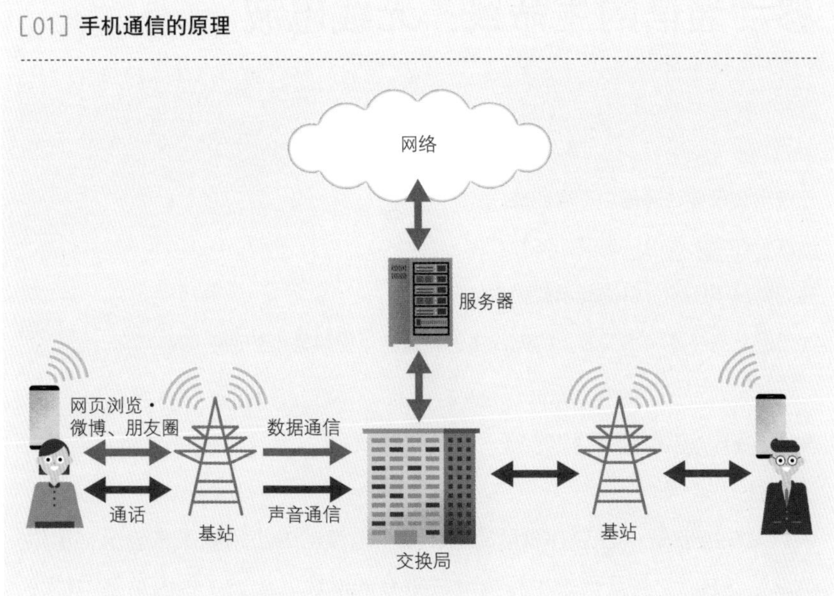

[02] 手机位置信息的管理

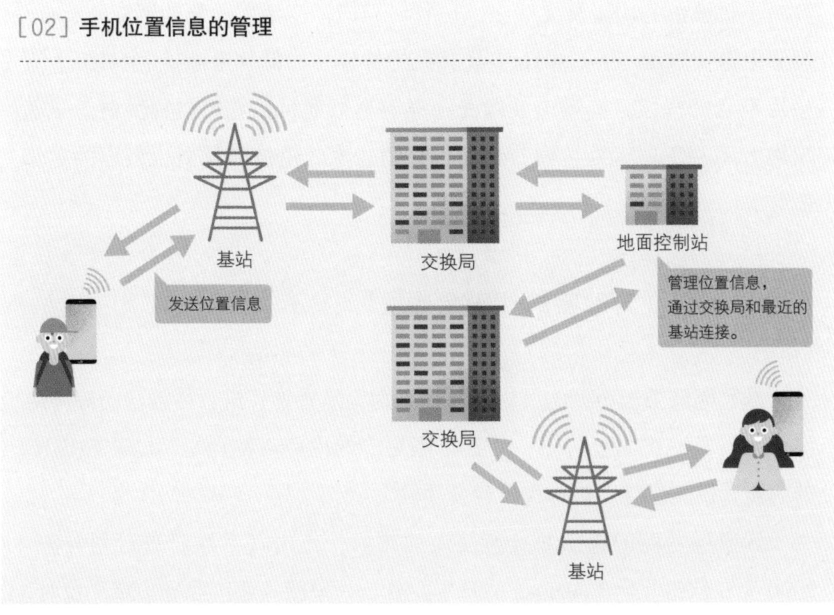

SECTION 02：

移动通信的生命线：无线电波

无线电波在移动通信中不可或缺。

虽然统称为无线电，电波却多种多样。

有的更易于传输，有的能承载更多信息，

通信运营商通过将不同波长的无线电进行组合，提供最佳的通信服务方案。

◆无线电波的频率和特征

无线电波是一种带有能量的电磁波。电波的大小用频率来表示，单位是赫兹（Hz）。赫兹代表1秒内电波重复的次数。比如1秒内重复10次，就是10赫兹。

手机通信利用多种无线电波，各尽其用，构建成完整的网络。比如，高频电波（2GHz或1.7GHz）具有光的特性，而低频电波（800MHz）更接近声音的特性。高频电波像光一样容易被建筑物等障碍物反射。虽然反射并不利于向远处传输，但通过新的技术，电波的反射也可以为通信服务。

◆被运营商视为珍宝的“黄金频段”

低频电波类似声波，可以绕开建筑物等障碍物，进行传输。与高频电波相比，具有更易于传输、覆盖范围更广的优势。特别是700—900MHz的频段，性能最佳，被称为“黄金频段”。

各家运营商的通信业务所使用的频段，是由日本政府进行划分的。2006年，软银收购Vodafone的日本业务，一举闯入通信业务领域。彼时，软银尚没有获得低频段的使用权。导致使用软银服务的手机经常显示“无信号”，遭到来自用户的大量投诉。经过软银社长孙正义和日本政府的长期争取，终于获得了 900MHz 频段的使用权。

[03] 不同频率的电波的用途

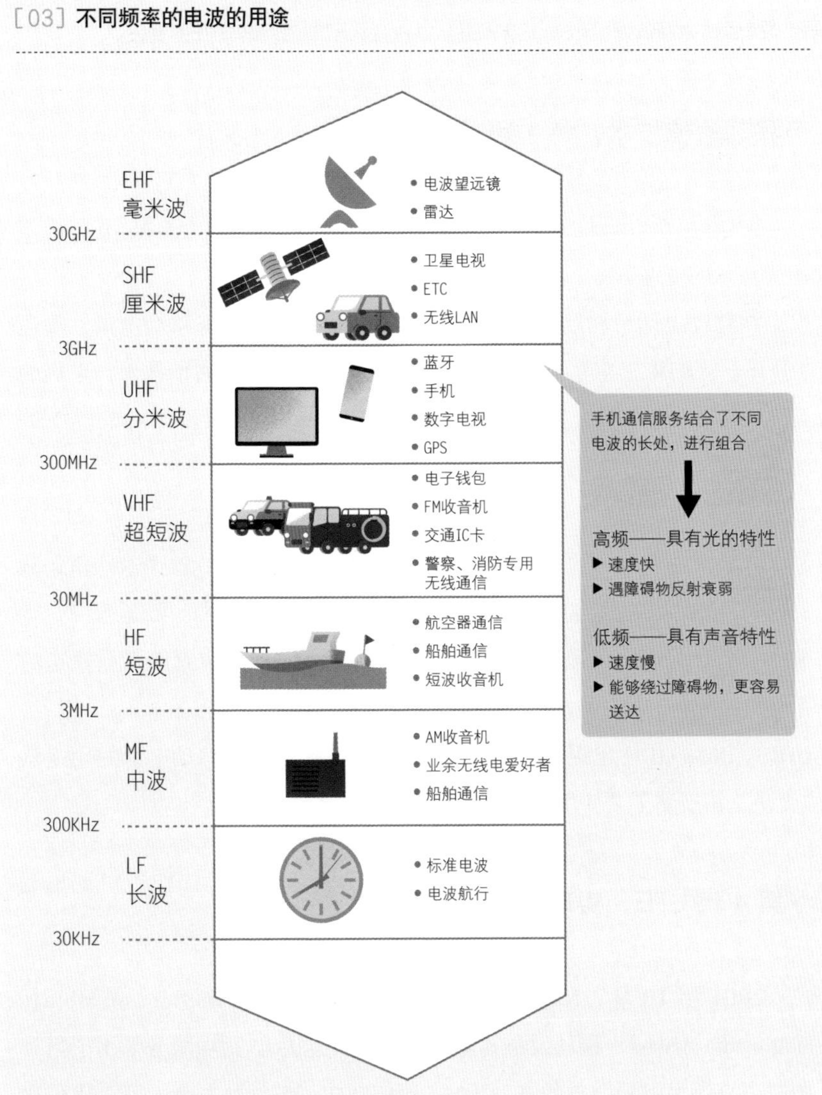

移动通信技术不断更迭

手机移动网络的技术日新月异。

以 10 年为一个周期，通信网络更新到下一代技术。

每一代更新为通信速度带来飞跃式进步，也让人们的使用方式发生变化。

◆移动通信技术，每 10 年迎来更迭

回顾通信技术发展的历史，我们会发现，通信技术大约每 10 年出现一代技术的更迭。

在移动电话最初登场的 1985 年，当时出现的肩带式移动电话，重达 3 公斤，人们将它挎在肩膀上使用。这就是第 1 代移动通信技术，采用的是模拟信号。到 1993 年，数字信号（PDC，Personal Digital Cellular）诞生，成为第 2 代移动通信技术。

移动电话从 1994 年开始向大众普及。在那之前，日本还只有 NTT 移动通信网公司（现在的 NTT Docomo）和 DDI Cellular·IDO 这两家通信运营商，此时又诞生了 Digital Phone Group 和 Tu-ka Cellular 两家新运营商，竞争开始变得激烈。而手机从租借变成买断，出现了 1 日元甚至免费赠送的手机，用户人数开始激增。到 1999 年，NTT Docomo 推出了 i-mode 服务，DDI Cellular·IDO 也提供了 EZaccess·EZweb 的服务，移动电话的用途从“交谈”拓展到了“使用”。

◆第 4 代 LTE，实现 10 倍通信速度

2001 年 10 月，NTT Docomo 推出了 FOMA（Freedom of Mobile multimedia Access，移动设备和多媒体的自由连接）。这项服务采用了当时被视为有潜力引领全球的 W-CDMA 通信制式，带领日本跨入第 3 代移动

通信。相比之下，2007 年，苹果公司发售 iPhone，采用的还是当时最为常见的 GSM 制式，直到 2008 年才升级到 W-CDMA 制式。当时是由软银集团引进了 iPhone 3G，成为 iPhone 的日本独家代理。

2010 年 10 月，NTT Docomo 推出 Xi 服务，代表第 4 代移动通信技术的诞生，在技术上被称作 LTE（Long Term Evolution），这是一项提高频率从而提升通信速度的新技术。在刚刚投入使用时，最大通信速度可达到 112.5Mbps，而今已经能够达到 1Gbps 以上的通信速度，实现 10 倍的增长。

2020 年，世界拥抱 5G。

[04] **移动通信技术的发展**

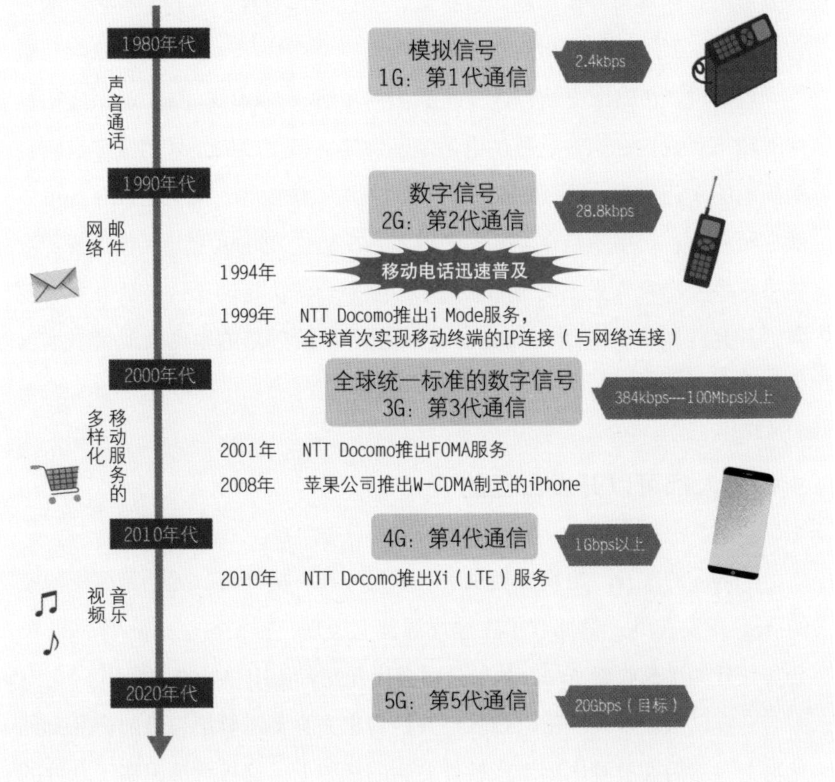

SECTION 04：

iPhone 闪亮登场

苹果公司推出 iPhone，震惊世界。

手机 App 成为主流，各种应用、服务层出不穷。

iPhone 迅速风靡全球，在网络端构建起了一个全球性的平台。

◆ iPhone 登场，惊世骇俗

2007 年 6 月，苹果公司首次发售 iPhone。由于最初仅在美国国内发售，为了亲眼看到这台不同凡响的高科技产品，笔者也在发售当天特地飞到夏威夷，在苹果专卖店的门口排队，经过漫长等待，买到了人生的第一台 iPhone。那时的兴奋和激动，至今难忘。

可以说，iPhone 之所以改变了我们的生活，App（application，应用程序）功不可没。在当时，移动电话蓬勃发展，但更多的是采用全键盘或者触控笔的功能手机。而 iPhone 划时代地采用了触控屏，无论是谁，都可以随心所欲地直接用手指在屏幕上来操作。在初代 iPhone 上，仅仅预置了数款由苹果公司官方提供的 App。后来，苹果公司决定向第三方放开开发权限，并允许用户下载到 iPhone 和 iPad 上。这给后来的世界发展带来了巨大的影响。

◆每个人都可以开发自己的 App

iPhone 的普及，为世界提供了一款尺寸统一的屏幕。无论是哪个国家的 App 开发人员，都拥有了在这块屏幕上展现、推销自己 App 作品的机会。并且如果是收费 App，苹果公司会代开发者从用户处收取费用。

一直以来，开发一款电脑软件并销售出去，都需要把自己的产品刻到光盘上，然后摆放到电脑城或软件商店的货架上。这极大地限制了软件的销售途径。相比之下，苹果公司运营的 App Store，无论是谁，都可以在短时间内迅速发布产品，让全世界的 iPhone、iPad 用户看到。正是这样前所未有的创新，催生了如脸书、亚马逊、网飞、优步、推特等一大批世界级的 IT 公司。

[05] **iPhone 的销售数量**

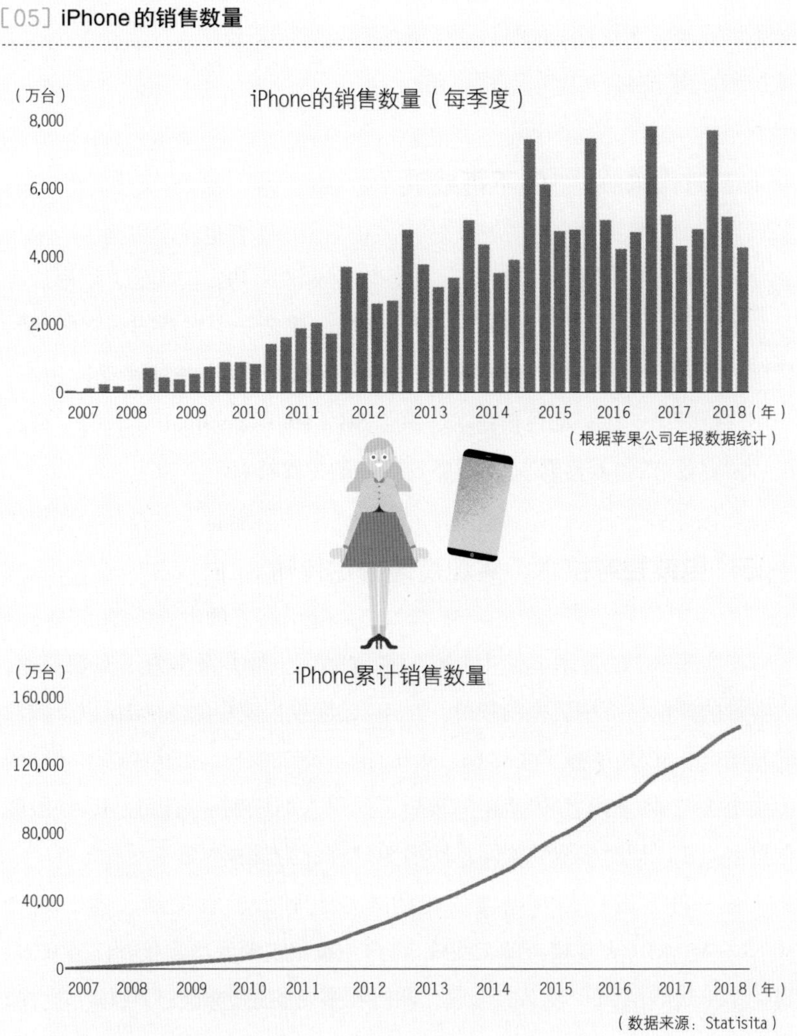

SECTION 05:

2020 年开始投入使用的 5G，究竟是什么?

终于等到 5G 的正式商用。

使用新的频段带来更高速的通信，更有无线电波控制高科技。

其中部分技术在 4G 时代就已崭露头角。

◆ IoT 时代来临，5G 不可或缺

2020 年代，被冠上“智能”二字的将不仅是手机。汽车、空调、灯等，我们身边的所有事物都将与网络连接，这是一个崭新的“物联网时代”。为了实现所有的设备联网，需要有最新、最强大的网络来支持。

这就是第 5 代移动通信技术，简称 5G（5th Generation），具有“高速度、大容量”“超低延迟”“多设备连接”的主要特点。

◆ 无线电波控制技术，实现高速稳定传输

在实现 5G 的技术上，主要有两种方案。一种方案是为了实现高速、大容量的传输，征用更多的频段。在 4G 已经投入使用的 3.6GHz 以下频段的基础上，5G 还增加了 3.6GHz、4.5GHz 以及 28GHz。而这些新增频段的无线电波与 4G 相比，传播距离较短，所以人们想到一边通过 4G 频段确保覆盖面积，同时根据需要同步使用 5G 频段的方法。

另一种方案，是在电波的传播方法上做出改良的新技术，叫作 Massive MIMO（大规模有源天线阵）。这项技术实现发出和接收信号双方，通过多个天线的同一频率的电波，同时在多个通道进行信号传输。这样，即使不增加频段，也可以获得高速和高品质的通信。特别是发出信号的一

方，天线的数量将大幅增长。

此外，通过将电波向特定方向进行输送的波束成形技术，提高电波的强度，实现了电波的高速远距离传播。而用户的位置不断变化时，也可以通过波束追踪的技术，跟踪用户的终端，调整电波方向。

Massive MIMO 的技术在 4G 时代也已经有所展现。通过这样多个技术方法的组合，得以建立起 5G。

[06] **5G 的三个特点**

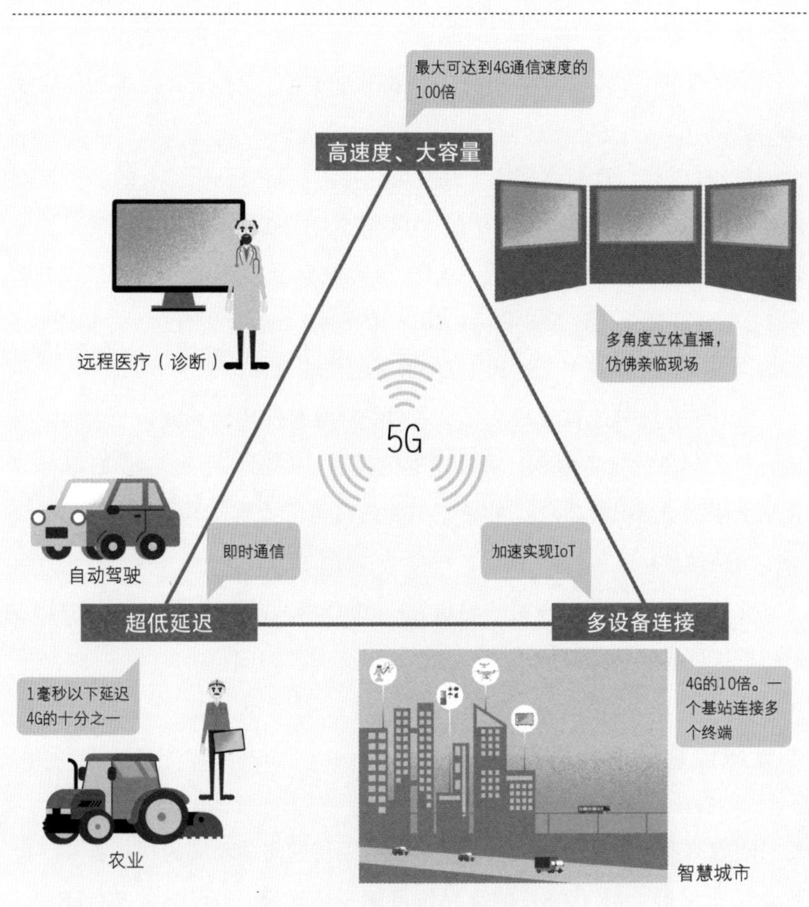

前所未有的高速度和大容量传输

5G 使用了更多频段的电波，实现了超高速传播。

不仅是网络传输速度飞快，“无限流量”也值得期待。

◆高速度、大容量传输会带来什么变化

为实现移动通信的高速化，早期采用的方案，是尽量多地增加传输频段带宽。

在 4G 时代，运营商采用了载波聚合技术，将自己所持有的多个频段的载波进行聚合。比如，KDDI 在 2014 年 5 月的 2 载波聚合，实现了最大 150Mbps 的传输速率；2015 年 10 月，3 载波聚合达到 300Mbps；2017 年 9 月，4 载波聚合达到 558Mbps；2018 年 9 月，5 载波聚合达到 758Mbps；2019 年 9 月，6 载波聚合达到 1288Mbps 的传输速率。

到 5G 应用时，首先增加了一些 4G 时没有使用的新频段。与 4G 相比，单个频段的带宽更宽，为高速通信提供了基础。比如，4G 的单个带宽的上限为 20MHz，而 5G 的单个带宽最高可扩大到 400MHz，进一步提高了通信速度。

此外，在上一节中介绍的 Massive MIMO 以及波束成形技术，也对 5G 技术的实现发挥了重要作用。

◆无限流量的时代即将到来

随着高速大容量网络的建立，最值得期待的是移动端的视频服务。在移动设备终端，4K 及 8K 的高精细度画质传输将成为日常。而 XR（X

Reality：VR 和 AR 的总称）这种对流量需求较大的应用，也将会实现。

但是，谁都可以进行大容量的数据交换，也意味着通信成本需要下降。“无限流量”套餐使得家里即使没有安装固定网线，有智能手机的 5G 套餐就足够使用。

[07] 5G 实现高速度、大容量通信的秘密

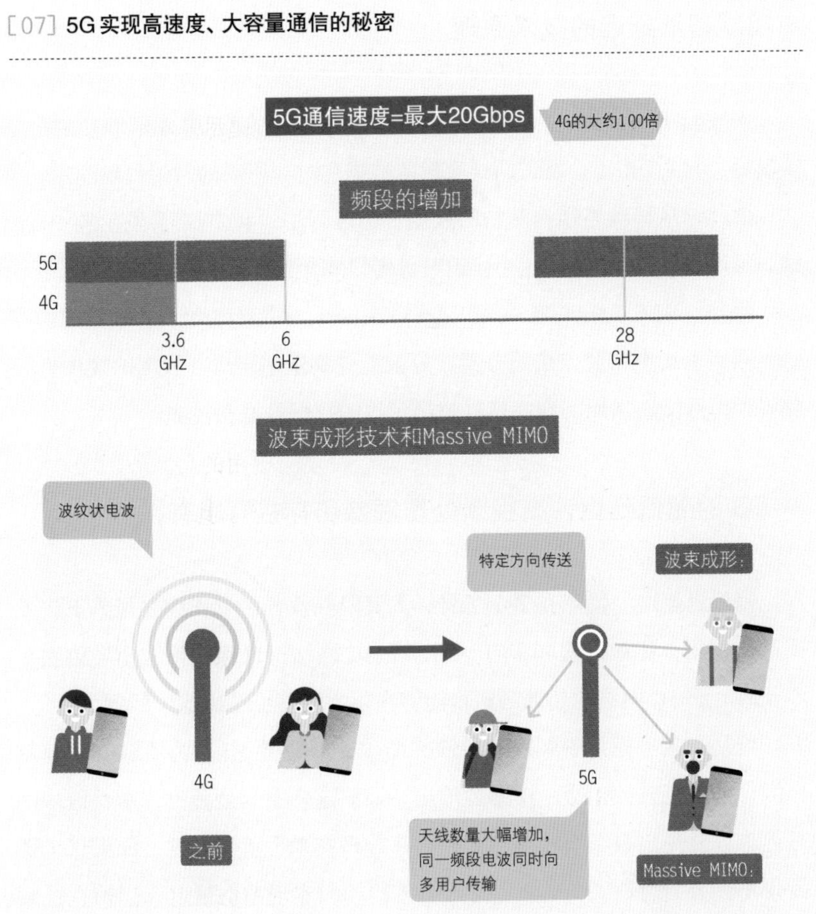

汽车远程操控不可或缺的“超低延迟”

5G 的“超低延迟”备受瞩目。
随着网络响应速度更快，汽车的远程操作将更容易实现，
但同时存在一些课题有待解决。

◆实现超低延迟的技术原理

无线帧（Frame）是无线网络通信中数据传输的单位时间。5G 的无线帧较短，与 4G 相比，发送同样容量的数据包时，所需的时间得以缩短。

由此，从移动终端到基站的数据传输过程中，4G 网络会发生约 10 毫秒的延迟，而到 5G 时，这个延迟时长得以缩短到 1 毫秒左右。

此外，MEC（Multi-Access Edge Computer，多接入边缘计算机）技术将原本网络上集中式的云端服务器，分散设置到基站附近。数据的处理不需要再经由网络，从而实现高速且超低延迟的数据处理和传输。

◆ 5G 的超低延迟，在视频处理领域仍存在课题有待解决

超低延迟这一特点在多个场景，尤其是在汽车的远程控制场景下将发挥重要作用。比如远程刹车时，如果是 4G 网络，延迟就可能会导致刹车不及时。而 5G 网络的超低延迟将能够在很大程度上解决这个问题。

可是一旦考虑到视频实时传输的需求，即使是 5G 也力不从心。究其原因，在于视频的拍摄、压缩、传送、播放这一系列处理过程中，信号的延迟难以避免。眼下，先进的视频高速处理技术也正在开发。如果这个课题得不到妥善解决，不论 5G 的无线传输如何实现超低延迟，恐怕在视频的实时传输上的应用都将受到限制。

[08] 5G 超低延迟的机制

4G的1/10
5G超低延迟= 无线区间约0.001秒

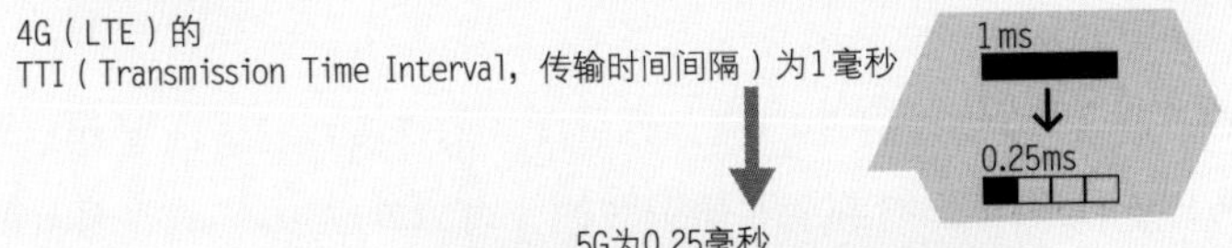
无线帧缩短
4G（LTE）的
TTI（Transmission Time Interval，传输时间间隔）为1毫秒
1ms
0.25ms
5G为0.25毫秒
收发数据的等待时间缩短到1/4
※传输间隔缩短，便可以传送更多的数据

MEC的运用

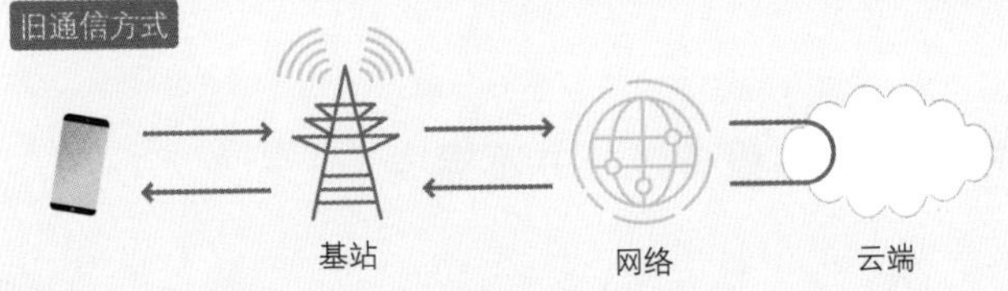
旧通信方式
基站
网络
云端

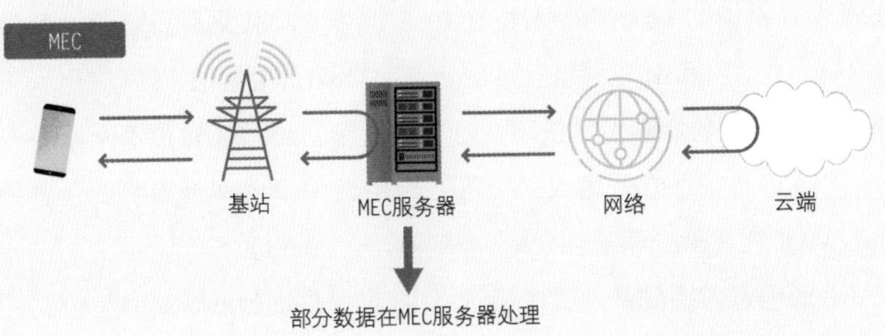
MEC
基站
MEC服务器
网络
云端
部分数据在MEC服务器处理

IoT 时代不可或缺的“多设备连接”

IoT 需要对大量的设备进行管理。什么是最适合所有设备稳定通信的网络呢？答案是 5G。

然而，也有人提出“不需要 5G”的观点。

◆支撑 IoT 的 5G 的“多设备连接”特点

在万物皆可连接网络的 IoT 时代，数量庞大的终端设备，需要稳定地连接到网络，进行通信。4G 在每平方公里内，可以容纳 10 万台设备同时连接。而 5G 可以满足 100 万台设备的同时连接。

在城市里，将煤气表和水表联网通信；在外国，人们期待通过传感器和通信设备，对放养的牛羊进行管理。像这样的新用途正在被人们所畅想。欧洲的一些运营商认为：“高速、大容量以及超低延迟的特性，超出了既有社会发展水平下日常生活的需求，难以实现商用。5G 的商业价值在于 IoT 方面的应用。”

◆也有观点提出多设备连接并不需要 5G

有观点提出，IoT 的发展并不是非 5G 不可。比如，运营商申请营业牌照后提供的 LTE Cat-M1、NB-IoT 网络，以及不需要营业牌照的 LoRaWAN、Sigfox 等网络技术，已经在 IoT 的通信中得以应用。再比如，为了管理全日本无数正跑在路上的货车，可以选择覆盖全国的 NB-IoT 网络。而在工厂厂房或厂区等有限区域内，选择不需要营业牌照的 LoRaWAN 或 Sigfox 网络，是十分合适的。

有通信运营商的从业人士表示，现有的技术已经能够满足大部分 IoT 的要求。这个观点也得到很多人认同，也许 IoT 并不一定非要 5G 不可。

[09] 现有的IoT无线通信技术

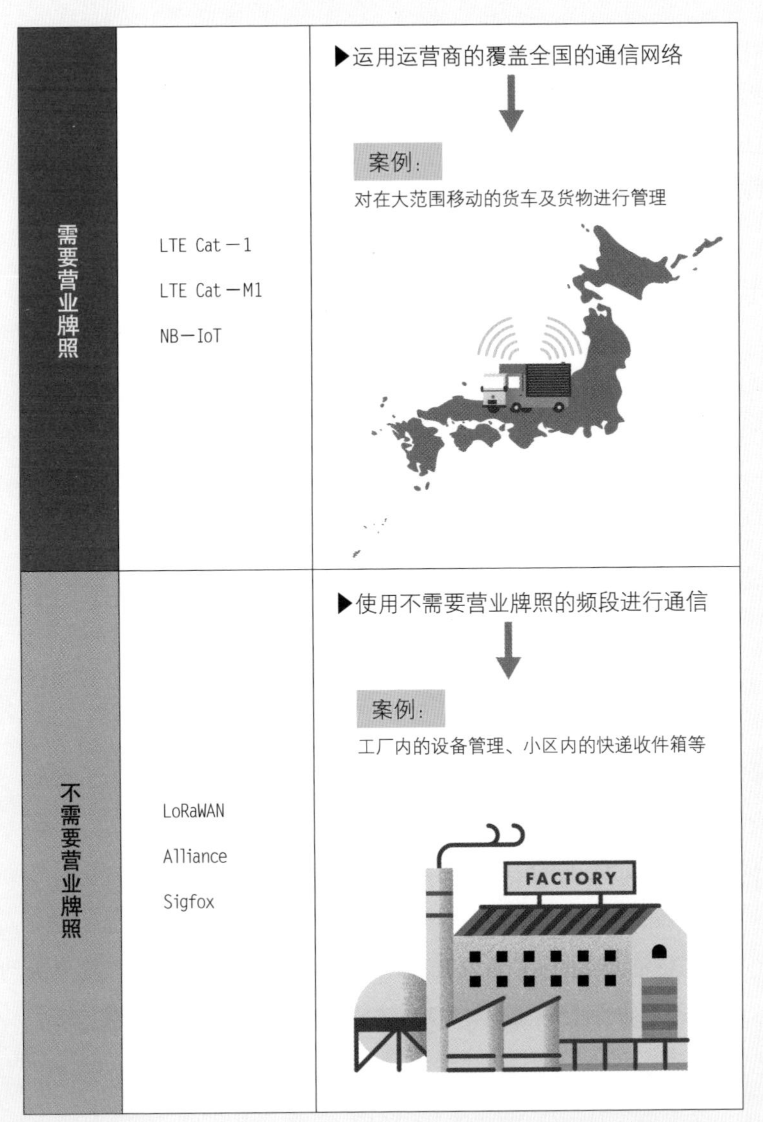

需要营业牌照
LTE Cat－1
LTE Cat－M1
NB－IoT
▶运用运营商的覆盖全国的通信网络
案例：
对在大范围移动的货车及货物进行管理
不需要营业牌照
LoRaWAN
Alliance
Sigfox
▶使用不需要营业牌照的频段进行通信
案例：
工厂内的设备管理、小区内的快递收件箱等
FACTORY

SECTION 09:

支撑 5G 的两种网络

虽然都被统称为“5G”，却存在两种不同的方案。
目前处于 5G 商业运行早期，还没有展现出 5G 的真实价值，
“真 5G”还需等待。

◆现在的 5G 不是 5G 吗

5G 初步投入商业运营时，采用的是既有的 4G 核心网（主要通信运营商的网络系统）和 5G 基站联合运行的 NSA（Non-Standalone，非独立组网）的方式。在初期投入使用时，5G 的覆盖范围有限，而 4G 的覆盖范围非常广阔。为了能在全国范围内铺开 5G 服务，借用 4G 核心网，能实现低成本建设。

此后，随着 5G 覆盖范围的扩大，运营商逐步过渡到 SA（Standalone，独立组网）方式。核心网本身即为 5G，升级成为满足超高速、多终端连接、高稳定性、低延迟的网络系统。适配网络切片、导入 MEC 加速推进。当然 4G 网络也以和 5G 核心网配套的方式持续运行。

◆何时会实现真正的 5G

真 5G 将带来我们所期待的各种先进技术的升级。而真 5G，需要等到完全切换到 SA 的时候。那时，5G 连接将在全国范围内得以实现。

[10] 5G通信服务的逐步开展

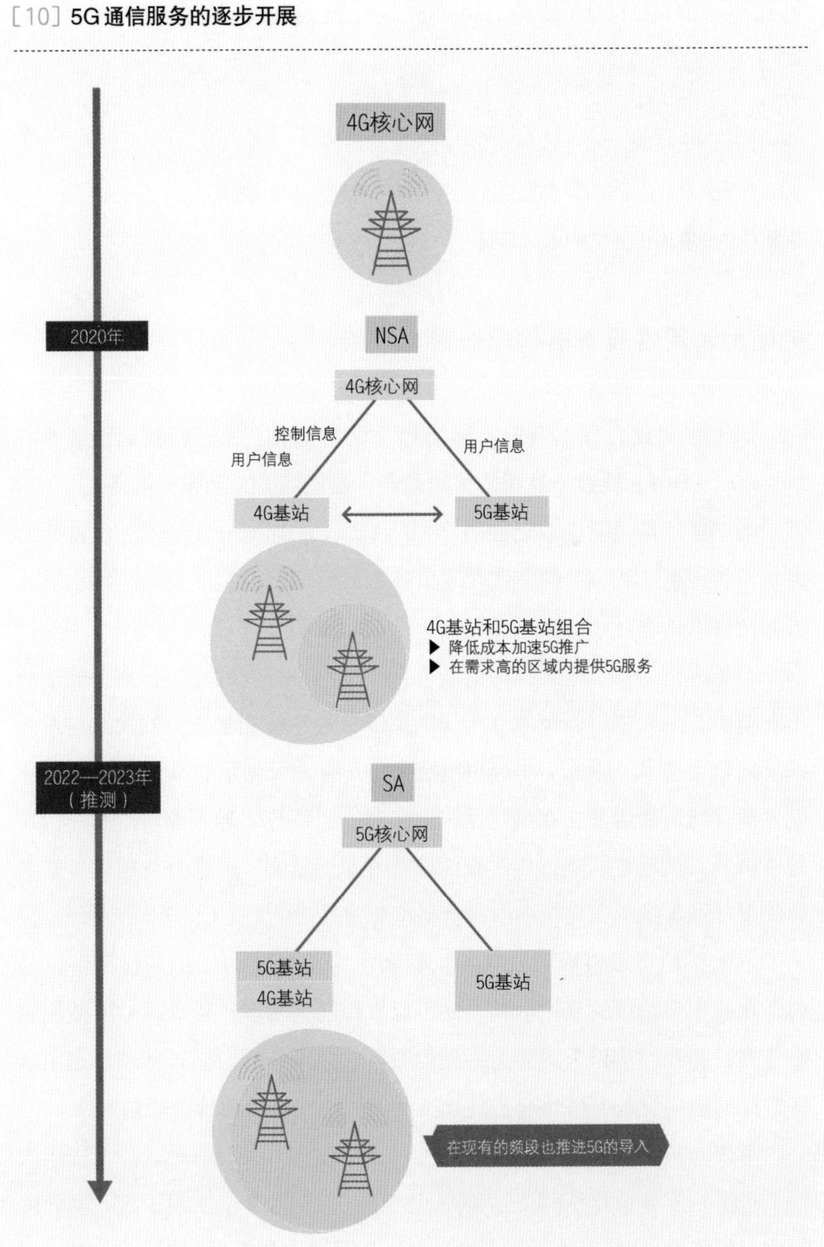
4G核心网
2020年
NSA
4G核心网
控制信息
用户信息
用户信息
4G基站
5G基站
4G基站和5G基站组合
▶ 降低成本加速5G推广
▶ 在需求高的区域内提供5G服务
2022—2023年
（推测）
SA
5G核心网
5G基站
4G基站
5G基站
在现有的频段也推进5G的导入

SECTION 10:

乐天移动的强大武器：全虚拟网络

乐天涉足通信领域，成为日本第四家通信运营商。
他们的强大武器“全虚拟网络”创造出了一个前所未有的模式，
希望为消费者提供廉价的通信套餐。

◆使用通用性服务器构建低成本网络

乐天移动成为日本第四家通信运营商。与前三家通信运营商（NTT Docomo、KDDI、软银）抗衡的秘密武器，是他们的“全虚拟网络”。

前三家通信运营商都已经有 20 年以上的历史。从 1G 或者 2G 就开始参与，伴随着 3G、4G 的一代代通信技术的发展，在这一过程中数次对各自的网络设备进行了升级。

而乐天作为一个毫无经验的新人，加入这一行业的竞争。在激烈的竞争环境中，乐天依靠新技术作为强大武器，成功构建起自己的网络。乐天的这项全新技术，叫作“全虚拟网络”。

现有的通信运营，在搭建无线网络时，需要导入运营商专用的通信设备、机器，然后才能运行。这样的设备专业性较强，通常只有通信运营商会使用，设备供应商比较集中，价格也非常昂贵。

乐天移动将手机服务所需要的设备，全部转化为虚拟的软件。就是说，在通用消费级的家用电脑上便可以发挥通信功能。乐天移动所使用的服务器，和我们从乐天网购上买到的服务器毫无差别。乐天移动正是用这些常见的通用设备，搭建起了具有压倒性成本优势的廉价版通信网络。

不仅是核心网，乐天移动将 RAN（Radio Access Network，无线接入网）也进行了虚拟化。其他运营商虽然也在一定程度上实现了核心网的虚拟化，但将 RAN 都能够进行虚拟化的，乐天移动是世界首创。

◆廉价的网络，便宜的套餐

在将无线网络虚拟化后，基站除了天线、配电、电池这几项外，其他设备都不再需要。于是，乐天不需要像其他三家运营商那样配置无线网络设备。虚拟网络下的基站不再需要这些设备，所需要的安装面积也变得很小。

乐天移动通过全虚拟网络，降低了建设成本，从而向用户提供更加便宜的通信套餐。但有其他运营商的高管表示："全虚拟网络的实现难度很大，是骡子是马要拉出来遛遛。"乐天移动的服务是否能稳定运行，还有待进一步验证。

[11] **乐天移动向5G升级**

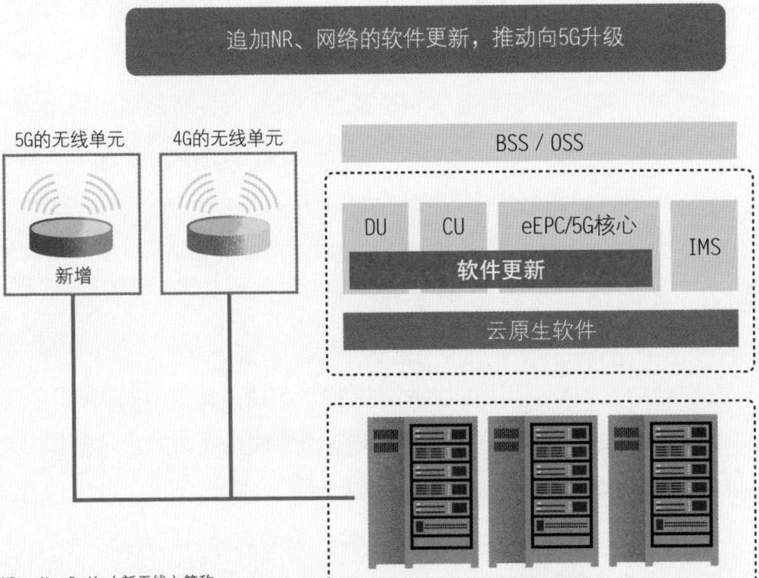

NR： New Radio（新无线）简称
BSS： Business Support System 业务支持系统
OSS： Operation Support System 运营支持系统

（根据日本总务省发布的《关于5G的公开听证资料》中乐天移动的相关内容编制）

SECTION 11:

按需分配网络资源的利器：网络切片

5G 网络的使用需求多种多样。

根据使用目的的不同，对网络功能、性能的要求也不尽相同。

5G 如何根据需求提供相应的网络，这个问题需要引入新的技术方案来解决。

◆根据用途提供最佳的通信方法

一旦 5G 实现 SA，一项新的技术——网络切片，将带动网络系统的性能得以进一步提升。

4G 网络下，所有数据被打包发送。比如智能手机的视频播放、游戏、邮件等，所有应用数据都通过一个信息管道进行传递。

而“网络切片”是将信息管道虚拟地切分开，即将网络虚拟地分割开，根据不同的使用需求，对数据做不同的处理。这样的方式可以更有利于 5G 网络超低延迟和高稳定性能特点的发挥。

◆同为 5G 网络，需求多种多样

5G 时代，根据数据用途的不同，对网络功能、性能的要求也不尽相同。比如说，4K 或 8K 高清视频播放时，需要网络支持大流量的信号传输，但对网络的超低延迟并没有太高要求。

而像无人机或大型挖掘机的远程控制，需要对设备的操作实时掌控，达到易于远程操作的目的，这就对网络的超低延迟提出高要求。相反，这种场景并不需要大流量的信号传输。

此外，比如未来可能通过 5G 网络远程操作机器人进行手术，不仅是超低延迟，更对网络的稳定性提出高要求。网络瞬间掉线，可能影响到患者的生命安全，稳定的网络传输就是患者的生命线。

于是，网络切片技术应运而生。网络切片将网络虚拟地切分开，根据不同用途的需求，提供最适合的网络，成为一项行之有效的技术。

[12] **网络切片**

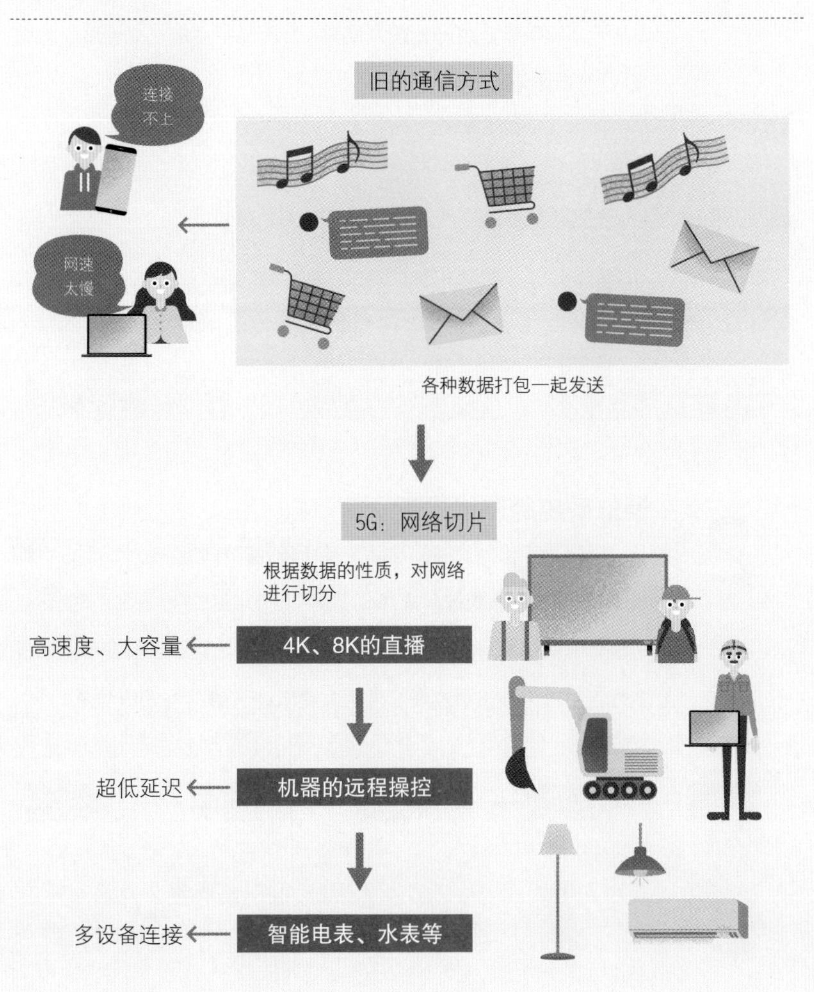

什么是5G？

1 5G的基本特点

5G是指第5代移动通信技术（5th Generation）。在日本，5G于2020年3月开始投入商用。5G的特点是“高速度、大容量”“超低延迟”“多设备连接”。

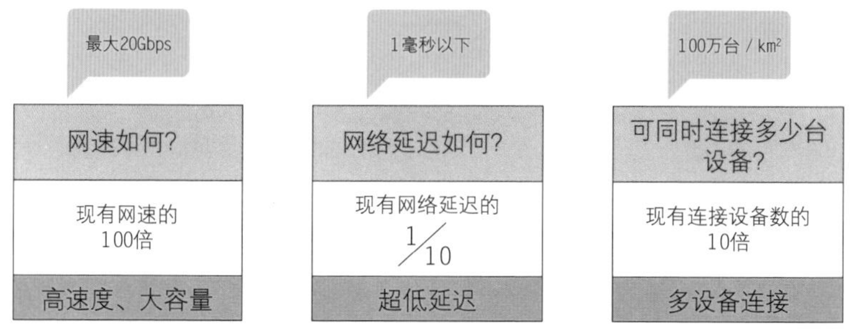

2 通信系统的迭代发展

以智能手机为代表的移动终端所依赖的移动通信系统，以大约10年为单位进行更迭。第1代（1G）技术诞生于1980年代，当时仅有通话功能。此后，通过数字化发展，出现了多种多样的通信服务，给人们的生活发展带来巨大变化。2020年，5G登场。

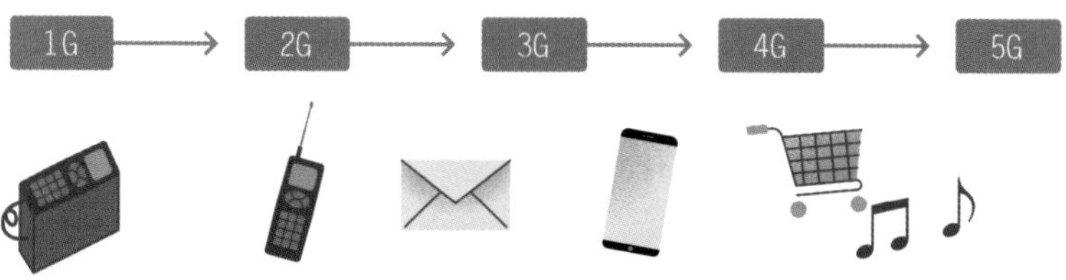

第一部分中，在介绍手机及智能机的技术发展的同时，我们提到了5G的特点和现状，对无线网络进行了介绍。让我们再一起回顾一下。

3 支持5G网络的技术都有哪些?

高速度、大容量、超低延迟、多设备连接，5G拥有这些卓越的性能。而实现这些卓越性能的具有代表性的技术，包括能让电波向特定方向发送的“波束成形”、能在基站附近处理数据的“MEC”、能大幅增加天线数量的“Massive MIMO”，以及按需求适配最佳网络方案的“网络切片”技术等。

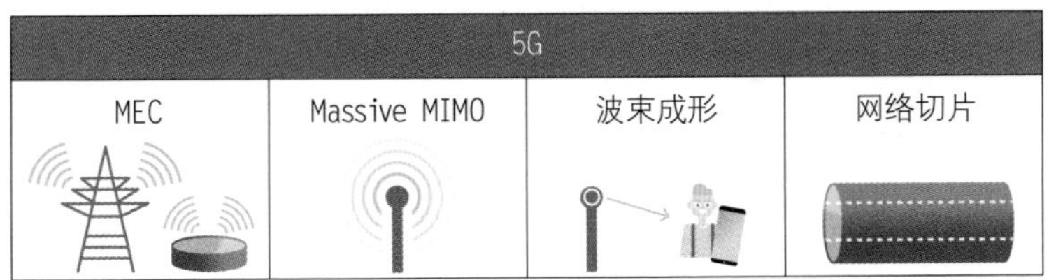

4 5G的未来发展

2020年春季，日本各家通信运营商共同拉开5G商用的大幕，但由于主要采用的是依托于4G核心网和5G基站联合运行的NSA方式，短期能体验5G的区域还比较有限。等核心网过渡到5G制式的SA，就可以实现真正的5G网络。

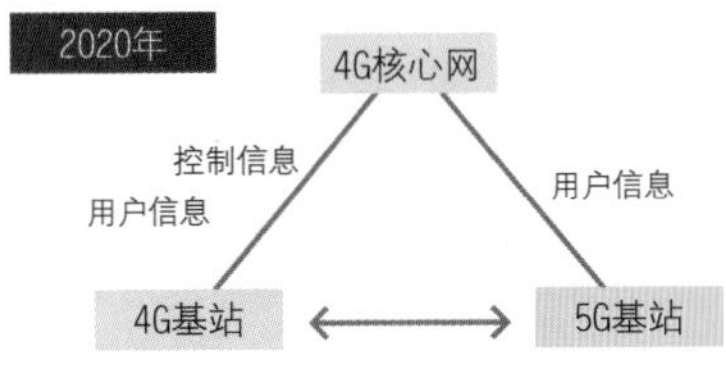

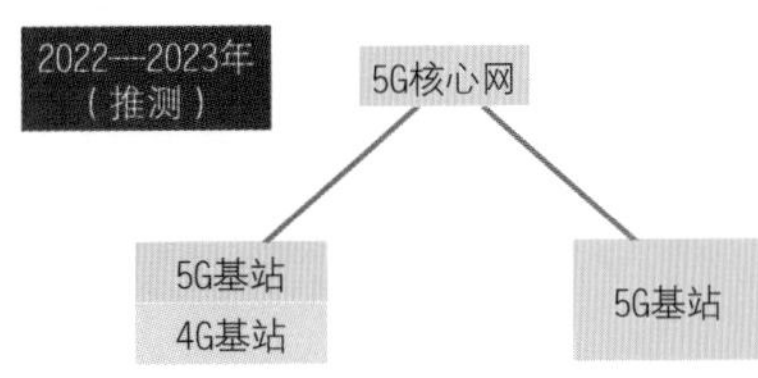

专栏 | 5G 小故事①

为何在美国、中国，5G 得以迅速推广？

2019 年被称为 5G 元年。但实际上在美国，早在 2018 年就开始提供 5G。

从 2018 年 10 月起，美国通信巨头威瑞森（Verizon）在休斯敦、印第安纳波利斯以及洛杉矶面向家庭提供月租金 50 美元（智能手机签约用户）的 5G 通信套餐。

这项服务不仅可以通过智能手机使用，也可以替代家中的固定网线。在窗外设置天线后，可以在家中接收到 Wi-Fi 信号。通信速度可达到约 300Mbps，部分位置甚至可以实现 1Gbps 左右的速度。

在美国，由于领土广阔，很多住宅并没有接入高速的通信网线。而 5G 作为代替固定网线、提供高速网络服务的一项尝试，实现了完善网络互联的“最后 1 公里”。

在中国也是类似的情况。众多的大型公寓或小区，并没有实现家家通入网络电缆。于是，在公寓或小区附近建设 5G 基站，通过 5G 电波提供高速的网络服务，成为一种新的选择。

PART 2

5G 如何让世界大不同?

SECTION 01:

通信行业争霸赛：谁笑到最后?

通信行业，并非简简单单地卖几台智能手机。

通过研发先进技术，掌握通信和服务的专利，是竞争的重中之重。

谁掌握了更多的专利，谁就最有可能成为胜利的一方。

◆通信行业，专利是最强大的武器

要想成为通信行业的胜者，必须掌握专利这项最强有力的武器。

在通信行业，仅凭专利就可以赢利。不需要去辛苦地推销基站设备或者手机，仅凭在基站和智能手机上应用的通信技术的专利，专利使用费就会源源不断地进账，获得非常可观的利润。比如，2013 年，微软公司开发的 Windows Phone 市场表现惨淡，但凭借专利授权，微软从各家安卓手机厂商获得了高达 20 亿美元的使用费。

此外，专利带来的另一项优势，是通过签订交叉授权协议，实现“专利使用权的交换”，从而免费使用其他公司的专利技术。

◆势不可当的高通和华为

2G 的 GSM（Global System for Mobile Communications，全球移动通信系统）是以欧洲为中心开发的通信技术，诺基亚、爱立信等公司手握多项专利，席卷全球，获得巨额收益。特别是诺基亚，其手机在全球范围广受欢迎。

此后，3G 和 4G 时代来临，高通公司趁势而起。高通公司并没有自己的工厂，也不生产芯片，但持有丰富的相关专利，从而开发了面向手机 CPU 的骁龙（Snapdragon）系列芯片。该系列芯片产品性能超群，优于一众竞争对手。通过中国台湾半导体厂代工生产，高通的芯片产品源源不断地流入安卓手机的生产线，装进智能手机里。

5G 时代，中国华为占据了全球 5G 专利的头把交椅，势不可当。华为首先在中国国内获得 5G 基站设备的大量订单，实现大批量制造，从而降低了基站设备的价格。于是各国通信商都被华为的低价所吸引，纷纷向华为发出设备订单。

美国特朗普政权的封锁政策在一定程度上抑制了华为的发展。尽管如此，华为仍然占据当今世界通信设备制造的头把交椅。华为的基站和手机，除了美国和日本以外，在全球各国市场广受欢迎。毫无疑问，随着 5G 的普及深入，华为势必进一步发展壮大。

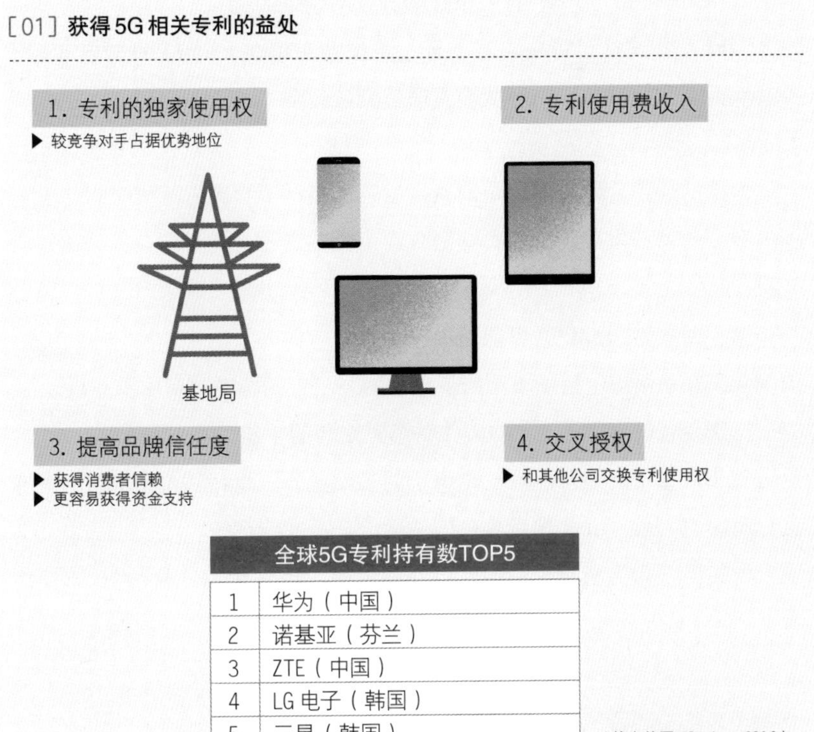
[01] 获得5G相关专利的益处
1. 专利的独家使用权
▶ 较竞争对手占据优势地位
2. 专利使用费收入
基地局
3. 提高品牌信任度
▶ 获得消费者信赖
▶ 更容易获得资金支持
4. 交叉授权
▶ 和其他公司交换专利使用权

全球5G专利持有数TOP5	
1	华为（中国）
2	诺基亚（芬兰）
3	ZTE（中国）
4	LG 电子（韩国）
5	三星（韩国）

（摘自德国IPlytics，2019）

SECTION 02：

谁是世界首创？韩国与美国的 5G“首创”之争

美国和韩国几乎同期推出了 5G 商用，都宣称自己才是 5G 的“全球首发”。作为今后引领世界通信潮流的重要标志，两国都将对 5G 首发的争夺视为荣誉之战。

◆关乎国家面子的荣誉之战

“试问哪国首先实现 5G 商用，非我国莫属。”

2019 年 4 月，一场名誉之争在美韩之间硝烟四起。

当时，韩国宣布将在 4 月 5 日，美国宣布将在 4 月 11 日开启 5G 服务。然而，美国的通信巨头威瑞森通信突然改变主意，将启动日期提前到 4 月 3 日。

韩国的通信公司得知这个消息，尽管已经过了当天的下班时间，但为了争夺“全球首发”的荣誉，韩国方面仍慌忙宣布，在 4 月 3 日深夜开启 5G 服务。

如今回顾整个过程，可能觉得啼笑皆非。但为了争夺 5G“全球首发”的荣誉，在通信史上留下本国浓墨重彩的一笔，两国也是费尽了心机。

特别是韩国，该国的三星、LG 作为知名的手机厂商，在智能手机行业占有非常重要的地位。而三星电子的基站业务，也特别希望通过“全球首个商用 5G 基站”，来向世界各国的通信公司进行宣传。

而美国，作为引领全球通信行业的国家，也有在 5G 时代当仁不让地拿下“全球首发”的大国自尊心。

◆电影、电视剧，秒速下载

当年6月，即5G服务开始2个月后，我专程前往美国芝加哥进行了体验。我从威瑞森公司租借了一台Galaxy S10 5G手机进行了测试，在室外达到了平均400—500Mbps的通信速度。在4G网络下，下载8集电视剧需要10分钟以上，而在5G网络下，1分钟左右就能完成。威瑞森的员工告诉我："通畅时可达到1Gbps以上的网速，可能因为现在是周五傍晚，路上使用5G的人多，所以网速有所降低。"

在芝加哥，基站主要架设在路灯和红绿灯上。使用28GHz频段，单个基站的覆盖面积半径约为200米。也许不会有多少人像我一样在路边看电视剧，但这样的高速网络环境毫无疑问将给人们带来更多便利。

[02] 韩国和美国的5G服务

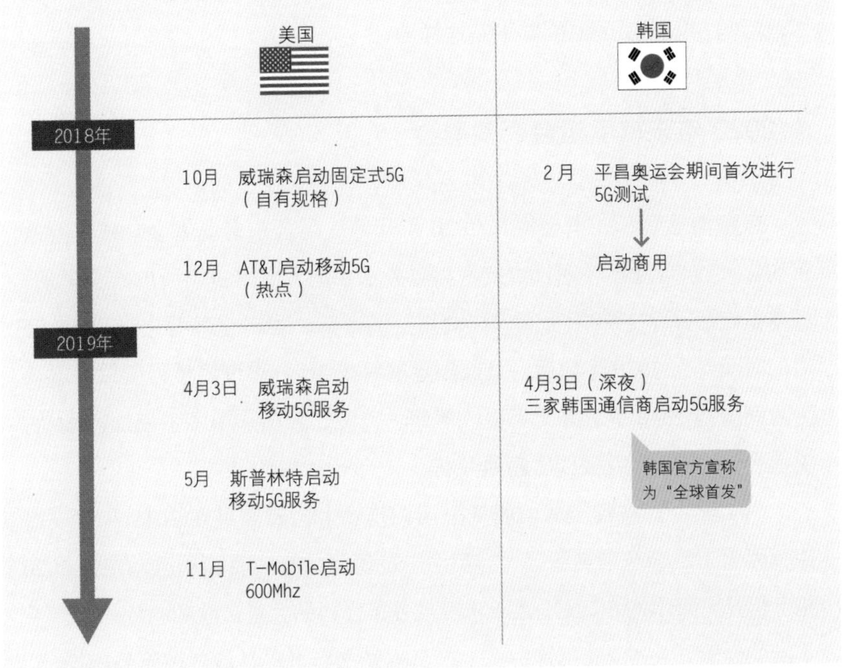

	美国	韩国
2018年	10月 威瑞森启动固定式5G（自有规格） 12月 AT&T启动移动5G（热点）	2月 平昌奥运会期间首次进行5G测试 ↓ 启动商用
2019年	4月3日 威瑞森启动移动5G服务 5月 斯普林特启动移动5G服务 11月 T-Mobile启动600Mhz	4月3日（深夜）三家韩国通信商启动5G服务 韩国官方宣称为"全球首发"

SECTION 03：

日本的通信行业动向：5G 发展被世界甩在身后？

2019 年，世界各国先后开始启用 5G，但日本的商用到 2020 年春季才得以实现。被世界甩在身后，日本 5G 的未来值得期待吗？

◆为何日本 5G 服务启动于 2020 年

2019 年，世界各国先后启动了 5G。在日本，NTT Docomo 在 2019 年 9 月率先提供体验服务。而正式商用的时间，NTT Docomo、KDDI 以及软银三家分别宣布定在 2020 年 3 月或当年春季（乐天公司定于从 6 月开始）。可能会有人提出疑问，为何日本的 5G 启动晚于其他国家，是日本技术落后吗？但真实的原因并不是这样的。

◆ 2020 年东京奥运会、残奥会

东京奥运会、残奥会将在 2020 年开幕。配合东京奥运会、残奥会发布 5G，是向全世界展现日本技术和服务水平的大好时机。所以在很早前，日本就定下了“2020 年启动 5G 商用”的方针。当时全球普遍认为 5G 开启的时间是在 2020 年前后，且欧洲各国对待 5G 的态度消极，所以日本认为时间定在 2020 年也并无不妥。然而，美国、韩国、中国争相加速推动，提前启动。2019 年，5G 已遍地开花。

事实上，日本各家通信服务公司在技术上已经满足在 2019 年启动商用，因为“配合东京奥运会、残奥会”的国家方针，将商用启动定于 2020 年。但是，日本的 5G 技术数年来经过各家公司的大量试验和验证，积攒了丰富的经验。在 5G 商用这一点上，日本技术与世界其他各国旗鼓相当。

[03] 日本5G服务的发展

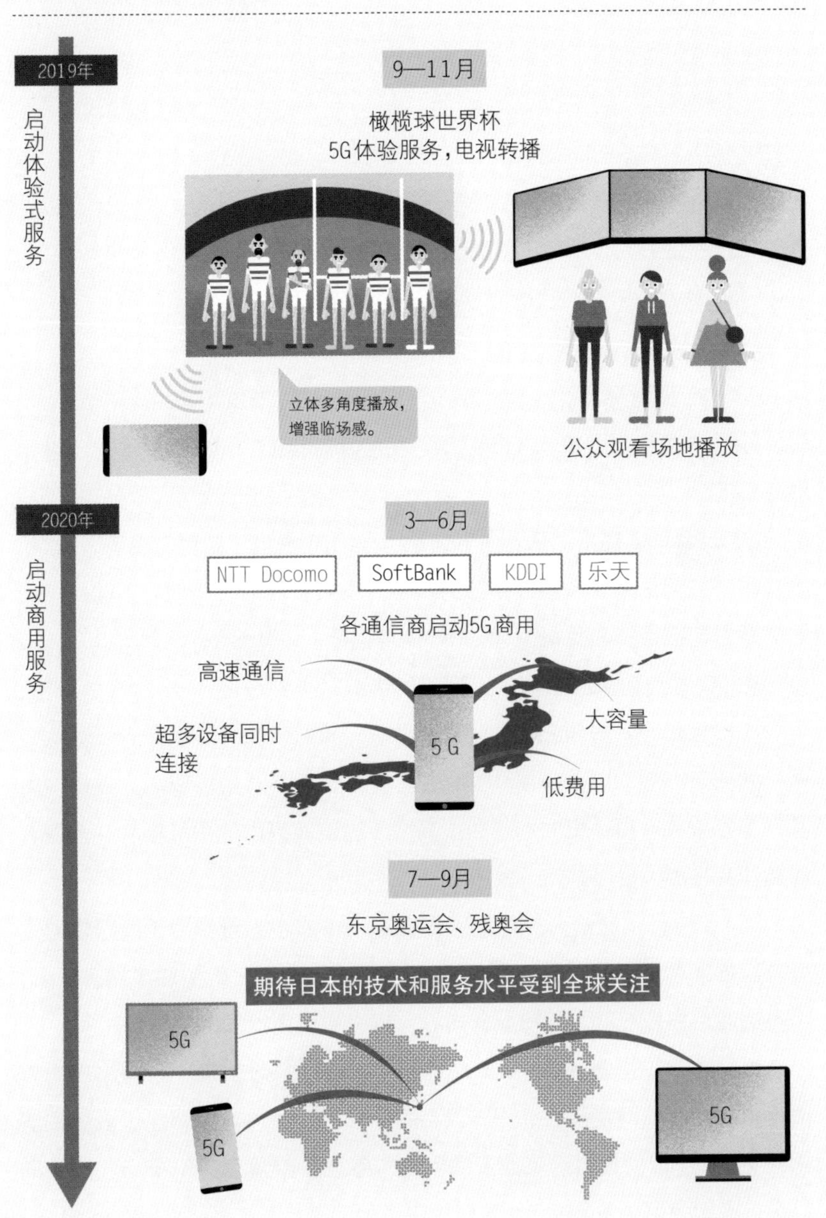
2019年
启动体验式服务
9—11月
橄榄球世界杯
5G体验服务，电视转播
立体多角度播放，
增强临场感。
公众观看场地播放
2020年
启动商用服务
3—6月
NTT Docomo
SoftBank
KDDI
乐天
各通信商启动5G商用
高速通信
超多设备同时连接
5G
大容量
低费用
7—9月
东京奥运会、残奥会
期待日本的技术和服务水平受到全球关注
5G
5G
5G

SECTION 04：

三家主要通信商异口同声说“KyoSou”

5G 的商用并不局限于智能手机。

所以，手机通信商需要和各行各业进行协作。

为了 5G 网络的推广运用，各家通信商提出“KyoSou”理念。

◆竞争，协创，还是共创

随着 5G 商用逐渐临近，日本的通信商提出一个新的理念，叫作“KyoSou”。

NTT Docomo 提出“从竞争到协创”，KDDI 提出“共创与变革”，软银则提出“共创未来，引领改革”的口号。虽然各家的措辞稍有不同，想表达的意思却都是“和我司一起，用 5G 来创造一番新事业”。

在 3G 时代，从网络信号，到手机终端，再到像 i-mode 这样的服务，消费者接触到的，全部由通信商来提供。即我们所说的“垂直整合模式”。

到 4G 时代，iPhone 等智能手机登场，通信商开始转变为只提供网络和一部分服务。而手机的选择，不局限于通信商提供的手机型号，消费者的选择变得更为自由。

到 5G 时代，通信商的作用恐怕会进一步缩小，只作为无线网络的供应方。智能手机以及各种 IoT 设备的选择，将比 4G 时代更加多样和自由，不再由通信商把控。而各项服务内容，也由通信商以外的公司来充实。

通信商为了搭建 5G 网络，斥资数千亿日元，恐怕最不希望出现的局面，就是自己的网络没有人用，投资打了水漂。所以，迫切地想表达“请用我司的 5G 帮助贵司的事业发展”这个意思，浓缩在“KyoSou”这个词语中，吸引各家企业加入 5G 的应用。

◆ 5G 应用的各种尝试

NTT Docomo 发起“Docomo 5G 开放合作伙伴项目”，向参与企业提供各类信息，促进企业间需求匹配及合作。此外，各家通信商在全国多地开展“5G 开放实验室”，提供 5G 设备和机器进行实验性使用，促进商业创新。为了让企业看到“5G 究竟在多大程度上帮助自己的事业发展”，通信商积极地提供各项支持。

为了推动 5G 繁荣，仅凭通信商的力量远远不够。所以通信商采取各种手段，吸引更多企业加入，为打造 5G 的应用实例做出各种尝试。

[04] 5G 时代的商业模式

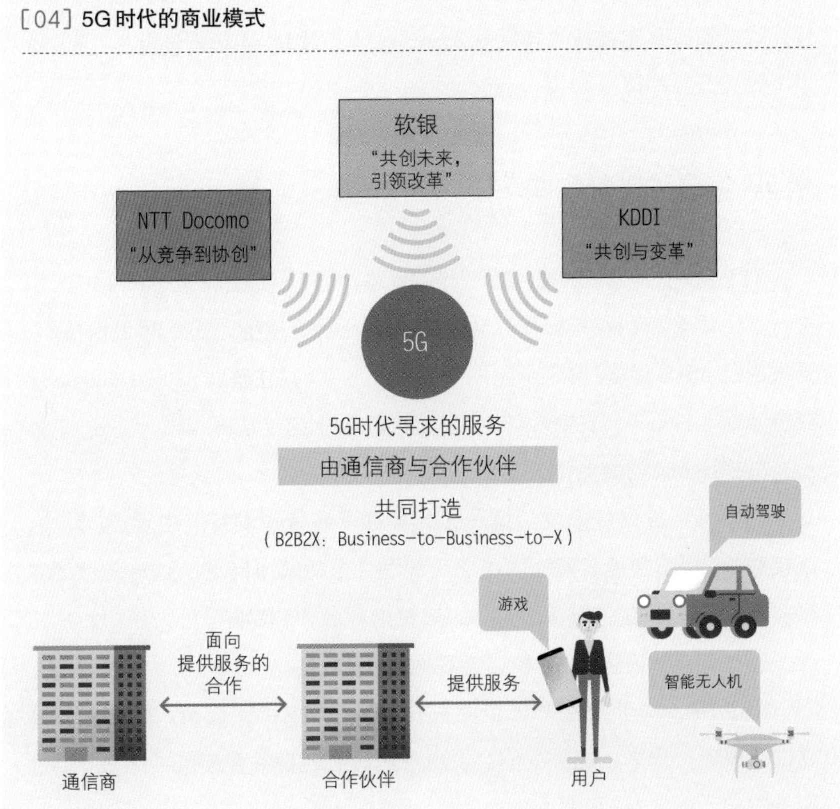

SECTION 05：

智能手机转型为周边设备的连接中心

眼下所有设备都连接上 5G 网络的理想，暂时还没能完全实现。

而智能手机则兼备 5G 的路由器功能，成为其他设备的连接中心。

◆ NTT Docomo 的“我的网络构想”

面向 5G，NTT Docomo 提出“我的网络构想”。这是一项将 5G 智能手机作为连接中心，周边设备通过手机获取服务或内容的计划。包括相机、可穿戴设备、听觉设备（耳机等）、AR、VR、MR（Mixed Reality，混合现实）等设备，都得以和 5G 连接。

◆ 5G 加速实现 MR 世界

NTT Docomo 为了加速实现“我的网络构想”，和美国 Magic Leap 公司进行了资本合作和业务合作。Magic Leap 开发全球领先的空间识别技术，寻求通过 MR 为游戏和商业提供更多解决方案的可能性。NTT Docomo 期待将 Magic Leap 公司的技术与自己广泛的企业会员基础相结合，通过 5G 创造出一片 MR 的商业沃土。

对于可穿戴设备来说，最理想的莫过于在这些设备上内置 5G 模块，直接和 5G 网络通信。然而，由于天线和耗电等诸多问题，这样的理想难以实现。于是，在 NTT Docomo 的构想中，以 5G 智能手机为核心，周边设备通过 Wi-Fi 连接 5G 手机，实现网络共享。

NTT Docomo 将继续和各企业联手，共同开发可连接 5G 手机的设备、软件、服务。未来，也许我们会发现身边所有的设备都连接了网络。而连接的中心，正是 5G 智能手机。

[05] 智能手机成为周边设备的连接中心

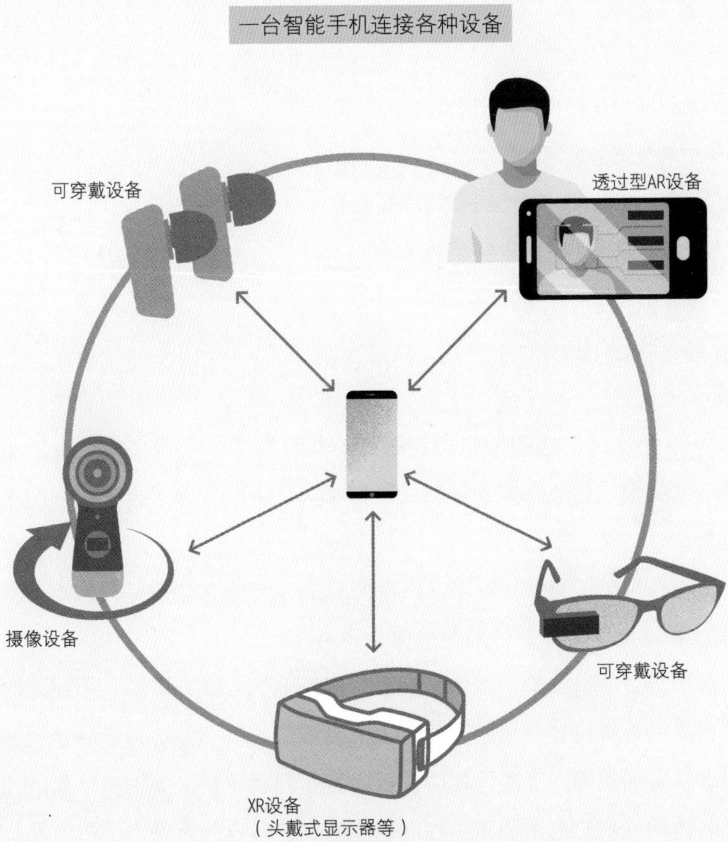

一台智能手机连接各种设备

可穿戴设备

透过型AR设备

摄像设备

可穿戴设备

XR设备
（头戴式显示器等）

VR：Virtual Reality（虚拟现实）

佩戴头戴式显示器，通过刺激感官模拟出现实世界的感觉。

AR：Augmented Reality（增强现实）

在现实世界的基础上，通过虚拟的视觉信息，对现实进行增强。比如在游戏《宝可梦Go》中即得到应用。

MR：Mixed Reality（混合现实）

在AR的基础上进一步发展。在虚拟世界中，也可以感受到如触摸造成的形变、多人同时处于同一场景等。

XR：X Reality

AR、VR、MR的总称。

SECTION 06：

5G 催生手机新形态：折叠智能手机

折叠手机正成为智能手机的新趋势。

各家手机制造商都相应发布了新产品。

有单面屏幕的折叠屏，和两片屏幕对折的折叠手机。

折叠手机或将成为 5G 网络下的手机新形态。

◆折叠手机的诞生

2019 年 2 月，智能手机行业掀起一股新潮流。占据全球手机市场份额第一的韩国三星电子以及第二的中国华为，相继发布了折叠式智能手机新机型。

二者皆采用了 OLED 屏幕。三星的 Galaxy Fold 采用的是向内折叠，而华为的 Mate X 采用的是外翻的结构。

对于折叠手机来说，即使采购到了可折叠的 OLED 屏幕，但要成为成熟的商品，折叠位置如何通过设计加固以实现其耐用性，是产品是否获得消费者认可的关键。克服这样的高难度技术问题，是一家手机厂商的技术水平的体现。三星电子和华为在同一时期发布各自的折叠式手机产品，这是“手机行业的世界 No.1”的竞争，是两家公司品牌影响力的较量。

然而，三星原计划在 4 月份发布折叠屏机型，在正式销售前的内测阶段，产品故障频出，只得延期发售。产品经过改良，终于在当年 9 月得以面世。

◆双屏发力，通话办公两不误

2019 年 10 月，微软发布了使用两片液晶屏幕的 Surface Duo 手机，并宣布将于 2020 年末正式发售。微软持有重量级品牌 Windows 系统，但在手机上却采用了谷歌的安卓系统。

这台手掌大小的移动终端，看上去和别的智能手机没有区别，然而项目开发主管却声称“这不是一台手机，这是一台用来交流的设备”。在微软的构想中，使用这台设备，在一个画面中和小组成员进行视频通话，另一个画面播放 PPT 文件进行共享和编辑，是一台作为“工作的工具”而开发的产品。

[06] **各种各样的折叠手机**

SECTION 07：

2 in 1 平板笔记本：移动设备性能赶超 PC

一直以来，提起电脑芯片，就自然而然想到英特尔公司。

而如今，智能手机领域的芯片霸主高通公司，也一脚踏入电脑芯片领域。

“电脑 5G 通信”毫无疑问也将会变为现实。

◆什么是“2 in 1 平板笔记本”

既能作为笔记本电脑使用，也可以变身为平板电脑，各家公司正在积极开发“2 in 1 平板笔记本”设备。2019 年 11 月，微软发售新型平板笔记本 Surface Pro X。迄今为止几乎所有的笔记本都采用英特尔芯片，此次发售的 Surface Pro X，使用的是微软和高通联合研发的 Microsoft SQ1 芯片。兼容 LTE 通信成为这款芯片的最大特点。

一直以来，Windows 系统采用英特尔芯片（x86）已经成为一种传统。近年来，微软和在省电及通信方面表现优异的 ARM 架构芯片越走越近，并开发了基于 ARM 架构运行的 Windows 系统。另外，高通基于 ARM 架构开发了智能手机芯片，其骁龙系列广受好评。高通进而在手机骁龙芯片的基础上，着手研发电脑芯片。联想等电脑公司的一些新机型，便采用了高通“骁龙 8cx”这款面向 Windows 电脑的芯片。在 5G 将要来临之际，微软也终于打出自有品牌 Surface，认真对待新潮流的到来。

◆平板性能不输电脑

5G 时代下，价格合理且不受流量限制的“无限流量”套餐很可能会成为主流。出门在外，我们不需要再特意寻找 Wi-Fi 热点，随时随地轻轻松松连接网络。这时，“高性能且省电的芯片”必不可少。高通在智能手机芯片领域积攒了丰富的专利和技术，这些经验在电脑芯片的开发中也得以发挥出重要作用。

基于 ARM 架构的芯片，虽然存在不支持部分 Windows 软件的缺点，但在 5G 的大趋势下，今后将有充分扩大市场份额的可能性，广受欢迎。通过将智能手机领域积攒的节能省电技术，在外出时使用电脑，就不必再担心发生电量不足的问题了。

[07] **高性能骁龙芯片**

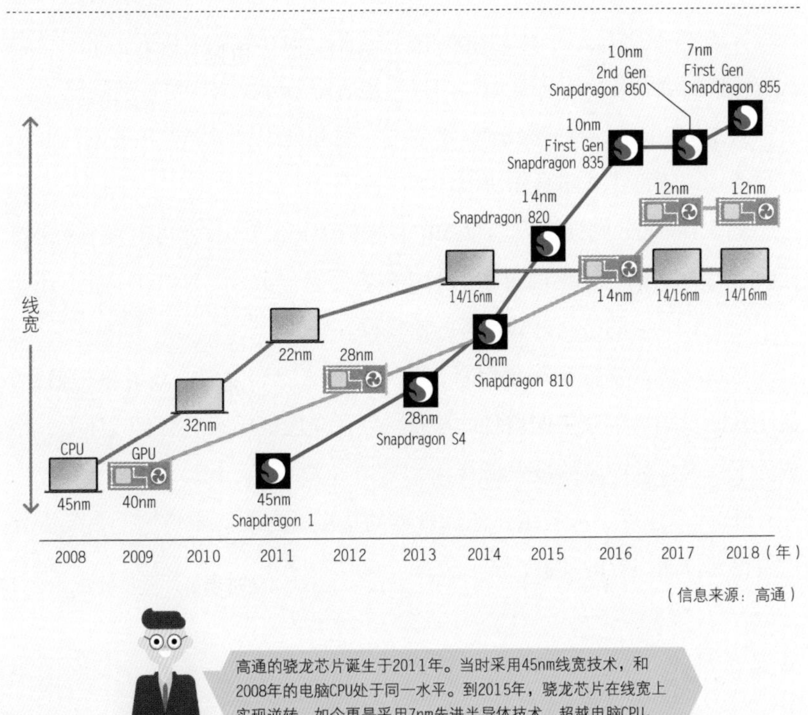

※nm：半导体芯片制程中导线的线宽。线宽越小，在同等面积中可以配置更多的导线，实现更高性能。

SECTION 08：

智能眼镜：眼镜型可穿戴设备

智能手机后的下一个爆款智能设备会是什么？智能眼镜备受期待。

虽然各种产品先后登场，却尚未能实现普及。

要想真正被大众接受，技术上还有待突破。

◆智能眼镜，带来前所未有的临场感

智能手机已经成为人们生活中的必需品。而在智能手机后，下一个爆款智能产品会是什么？各家通信商投入精力努力开发的，是智能眼镜。

KDDI 和中国的智能眼镜公司 Nreal，就智能眼镜的开发以及共同开拓日本市场，签订了战略合作协议。

NTT Docomo 则向开发轻量 MR 眼镜的 Magic Leap 公司出资 2.8 亿美元，并计划共同建立面向日本的 MR 内容平台。此外，NTT Docomo 还获得了 Magic Leap 的空间计算设备的销售权。

在真实世界空间中显示信息，或在自己家中和虚拟游戏世界相融合，甚至从墙里蹦出游戏中的角色的场景，各种高度临场感的交互式体验，将成为下一代爆款产品的最大卖点。

5G 的高速度、大容量，超低延迟的特点，在智能眼镜这个新生事物上将得到淋漓尽致的发挥。

◆智能眼镜的问题

笔者曾经购入一副谷歌公司的智能眼镜“Google Glass”进行了体验。这台设备在长期使用的情况下很难说令人感到舒适和便利。提供信息的及时性、产品重量、佩戴的舒适性、电池的续航时间和智能手机的内容差异化等，智能眼镜还面临着数量众多的技术难题。

KDDI 曾经和一家来自美国的 ODG 智能眼镜公司进行合作，在札幌棒球场向观众提供智能眼镜，在观众观看比赛的情境下进行了测试。结果，用户反馈在使用过程中出现了显示信息模糊、影响观赛注意力等问题。最终 ODG 公司也由于在智能眼镜上的失败，遗憾解散。虽然 5G 发展带动智能眼镜备受瞩目，但即使是谷歌这样的技术巨头，也尚未取得成功，不得不说智能眼镜是一项难度极高的挑战。

[08] **智能眼镜的主要功能**

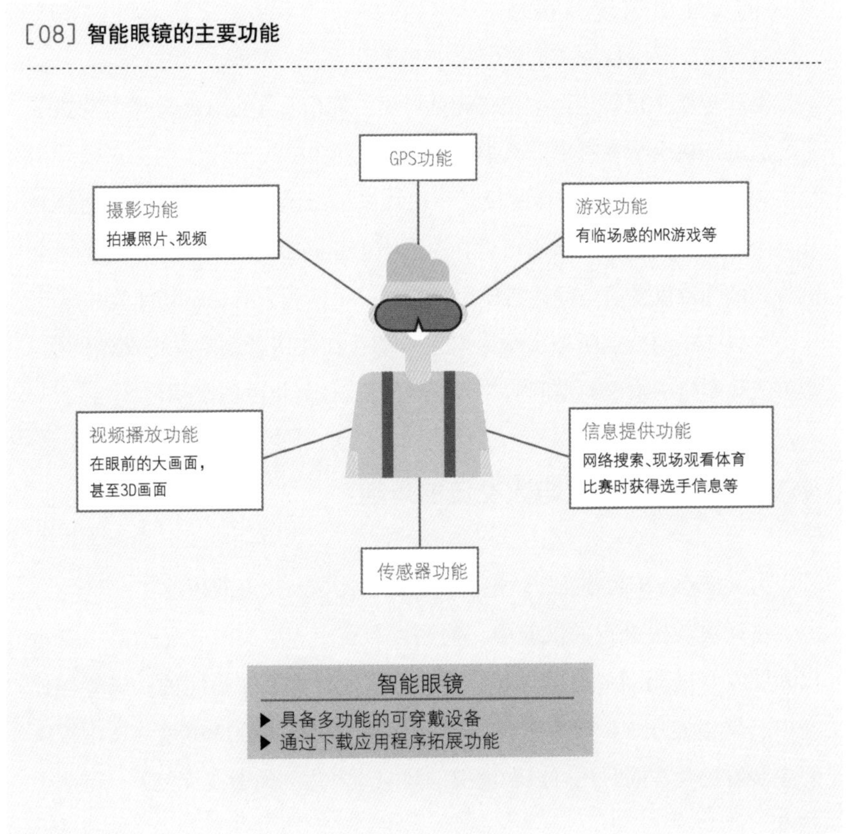

SECTION 09:

VR:借5G高速传输之力走向大众

VR，玩家在360度虚拟空间中，仿佛身临其境。

这样的娱乐体验充满想象，令人期待。

然而，现实中VR的普及不尽如人意。

这将在5G的大容量通信的加持下得到改变。

◆为何VR迟迟没有普及

随着智能手机在生活中变得随处可见，通信行业也开始思考，智能手机之后的新机会将在哪里。其中一个方向就是VR。

VR通过佩戴头戴式显示设备，由计算机绘图，在眼睛的咫尺之处展开一个虚拟空间。游戏玩家可以在这个虚拟空间中奔跑、战斗。这是一个沉浸式的360度仿真空间，为使用者带来一种前所未有的临场体验。

尽管VR的特点听上去令人着迷，却存在使用者黏性并不高的问题。很多人体验过一次虚拟空间后，就觉得不再新鲜。

◆VR需要的是“人与人交流的乐趣”

为了推动VR的普及，软银提倡的是“人与人交流的乐趣”。

在一次软银进行的试验中，使用者佩戴上VR头戴式显示器，就可以和朋友身处同一个虚拟空间，和朋友聊天对话。在福冈的一场棒球比赛中，软银使用VR技术进行了赛况直播。用户身处360度VR虚拟空间中观看比赛，同时还可以和虚拟空间中“身边”的朋友交流，一起观看赛事。

为“在同一个虚拟空间中和朋友一起观看比赛或演唱会”提供基础支持的，正是 5G 网络。

[09] **在 VR 中和朋友一起享受比赛**

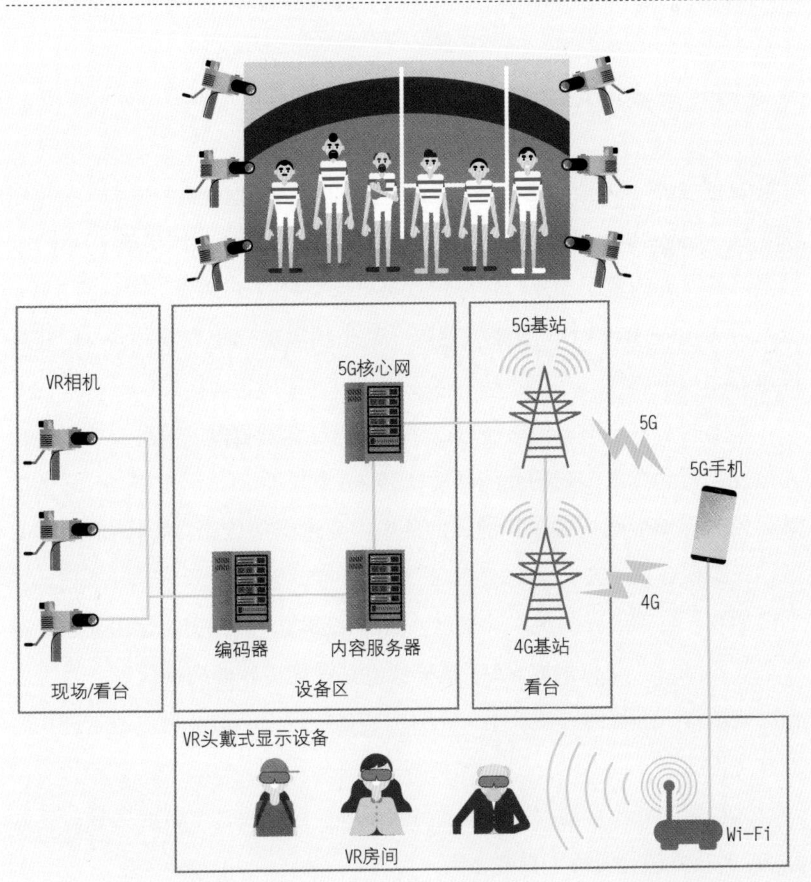

SECTION 10:

远程驾驶新概念车“SC-1”：车窗变身娱乐和广告新平台

索尼集技术之大成，研发出了新概念汽车。
配备高清摄像机，对行人进行智能识别。
一边行驶，一边为周围人精准投放定向广告，
是一台远程驾驶的娱乐汽车。

◆高清传感器 +5G，实现远程驾驶

索尼发布了可通过 5G 进行远程驾驶的新概念汽车“SC-1”，并和 NTT Docomo 共同开始测试。这辆车最多可乘坐 3 人，车体搭载了数个 4K 液晶屏幕，并内置了 5 片与索尼的数码单反相机“α 系列”同款的 35mm 全尺寸 Exmor R CMOS 图像传感器。甚至挡风玻璃也变身一块 4K 液晶屏幕。

车上的 CMOS 图像传感器可以比人眼捕捉识别更多的信息。特别是在人的视力受到严重影响的夜间环境，35mm 全尺寸 Exmor R CMOS 图像传感器仍然能够准确把握车体前方的环境。通过图像传感器影像捕捉和 5G 通信，实现远程驾驶。

如今，自动驾驶的技术开发进入白热化阶段，但在实际运用上还存在一些技术难题。而像索尼 SC-1 这样通过高性能传感器捕捉信息、远程传输高清影像、远程驾驶的技术，相对更容易实现，期待会更快地走进我们的日常生活。

远程驾驶相比自动驾驶更具备可实现性，正是高清 CMOS 图像传感器和 5G 的技术组合发挥了重要力量。

◆ AI 精准投放定向广告

SC-1 的车体上搭载了多达 5 片 4K 高清液晶屏幕，令人眼前一亮。这些屏幕究竟用来做什么呢？

其中的一项用途是投放定向广告。由车体 35mm 全尺寸 Exmor R CMOS 图像传感器获取周围人群图像，通过 AI 进行识别，并根据识别结果，在车体的 4K 高清液晶屏幕上显示定向广告。比如，汽车在路上行驶时，识别到周围有年轻女性，AI 就会选择近期在年轻女性群体中流行的潮流物品，播放广告。

[10] 行驶的娱乐空间“新概念汽车”

车体前后左右都安装有4K高清摄像机，
360度无死角捕捉车体四周影像。
通过远程屏幕获取影像进行远程驾驶操作
车内不需要设置驾驶席和驾驶员，
乘客通过车内屏幕在计算机成像的虚拟空间中娱乐
Sale!
プレゼント
キャンペーン
没有车窗，取而代之的是高清屏幕，
播放娱乐内容或广告等

SECTION 11：

MR：现实和虚拟空间的融合带来技术新突破

微软颇为罕见地在世界移动通信大会上亮相。

这次微软带来的是 MR 设备“HoloLens 2”和云端技术，

引发全球通信行业人士的瞩目。

微软的 MR 设备是否会成为智能手机之后的新潮流？

◆微软自信之作

每年 2 月的西班牙巴塞罗那世界移动通信大会（MWC，Mobile World Congress），是全球通信商和设备商集中展示产品和技术的行业盛事。近年来，5G 成为大会的重要主题之一。2019 年，微软时隔数年罕见地重新在大会上亮相，引发全球媒体关注。大会开幕前一天，微软公司举办的记者见面发布会上，公司 CEO 萨蒂亚·纳德拉登台向大家展示了一台全新的 MR 设备“HoloLens 2”。

HoloLens 2 是一台头戴眼镜式设备，戴上 HoloLens 2 后，在眼前通过计算机成像（CG）显示画面。HoloLens 2 的内置传感器及摄像机捕捉使用者周围的现实环境，识别现实中的家具、墙壁、地板等，根据现实场景生成 CG 图像并显示出来。

佩戴上 HoloLens 2 后，浮现在眼前的 CG 图像可以通过手势来控制。比如在现实环境中的桌子上放有一个 CG 虚拟花瓶，你甚至可以用手拿起这个虚拟花瓶，再把它放在地上。

◆ 5G 时代的云端技术，价值不可限量

新发布的 HoloLens 2，目前还不支持 4G 和 5G 网络，仅支持通过

Wi-Fi 连接。那么为什么微软会专程到巴塞罗那 MWC 这样一个集中了全球通信公司的舞台上展示呢？其中一个可能的原因，是为 5G 版的 HoloLens 2 做提前预热。

除此之外，微软的另一个目的，是展示先进的云端技术。微软提供一项叫作 Azure 的云端平台服务。这项服务是为 HoloLens 2 制作 CG 内容的关键。混合现实的内容制作的开发工具，都来自这个 Azure 云端平台。

未来要想通过 5G 网络使用 MR，Azure 这样的云端平台服务必不可少。微软正在向全球通信行业传达“5G 发展离不开云端技术”这一理念。

[11] MR 推动医疗和商业发展

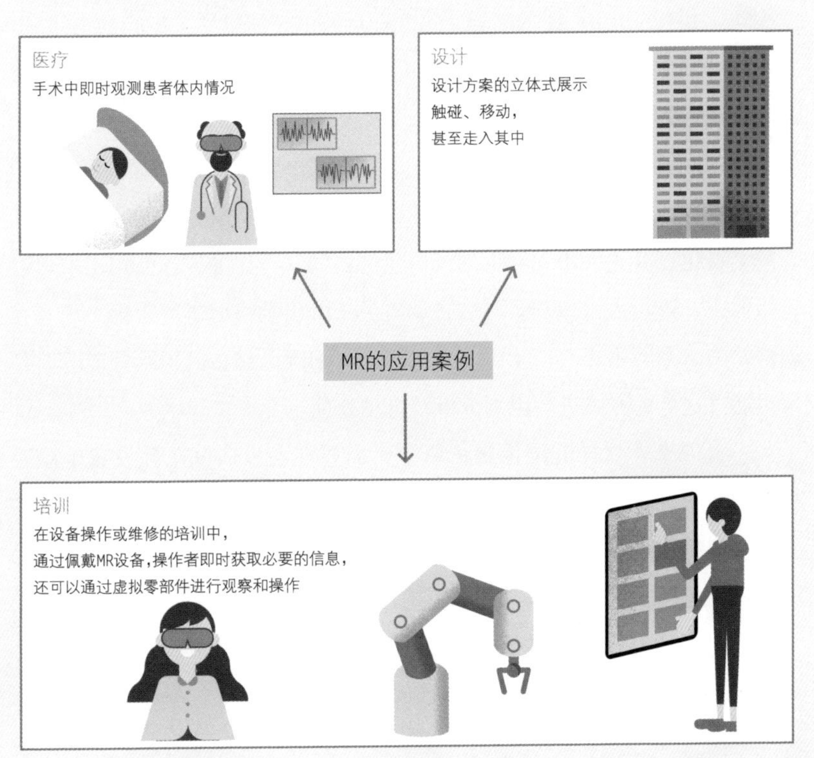

SECTION 12：

5G× 摄像头 ×AI：改变商业

摄像头捕捉的图像，由 5G 传输到云端，

云端的 AI 对图像进行识别和分析，提供服务。一个新的产业诞生了。

安保防盗、专业课程等，各式各样新场景下的应用层出不穷。

◆云端 AI 提供多样化服务

5G、摄像头还有 AI 的组合，为商业形态的拓展提供了广阔的空间。

在 KDDI 的这项“KDDI IoT 云端 AI 摄像头”服务中，提供了通过摄像和图像识别，从而对人和物体进行动作分析的解决方案。比如，在餐饮的店铺内设置摄像机，将镜头捕捉的画面通过 5G 传到云端，并由云端 AI 进行解析。由此可以对客人在店里的停留时间进行分析，实现餐厅空位状态的可视化，并进一步和网上的预约系统协同。再比如，在公司出入口设置摄像头，进行人脸识别，可以自动对员工的出勤情况进行管理。还有在地铁站内，乘客不小心摔落到铁轨上的紧急情况、站台的拥堵程度等，都可以通过这样的方式进行识别分析及自动处理。

一直以来，这样的图像解析服务，需要在各家店铺单独设置电脑系统，初期的设备投资也是一笔不小的支出。而云端图像解析服务，虽然需要支付流量费和服务费，却省去了初期的设备投资，对使用者来说不失为一个好的选择。

◆ 5G 支持在线专业课程

5G、摄像头、AI 组合发挥作用的一个代表性案例，是 NTT Docomo 开

发并和日本高尔夫协会（PGA）共同推进的5G高尔夫课程。

练习者用手机4K镜头拍摄自己练习时的姿态，通过5G网络传输到云端，由AI对练习姿态进行解析，并将分析结果和影像传给PGA认定的专业培训师。通过获取练习者练习姿态的影像，并参照AI分析结果，实现远程的基于“PGA方法”的专业课程指导。

“如何实现云端AI的最佳功效”，将是5G时代下的一个重要课题。

[12] KDDI IoT 云端 AI 摄像头

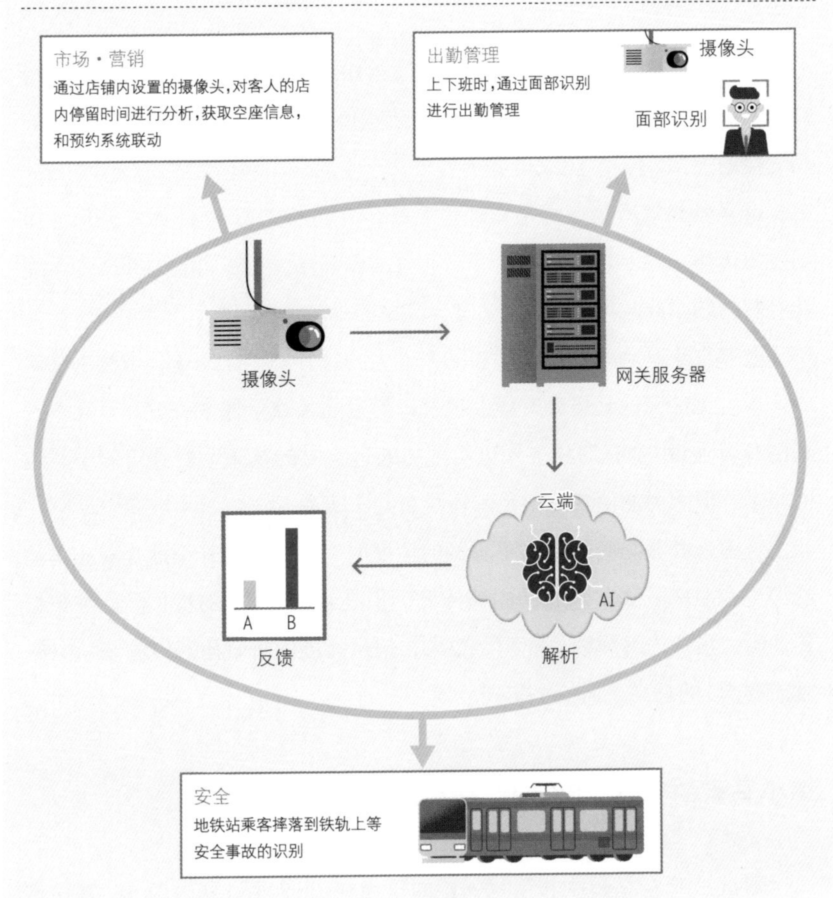
市场・营销
通过店铺内设置的摄像头,对客人的店内停留时间进行分析,获取空座信息,和预约系统联动
出勤管理
上下班时,通过面部识别进行出勤管理
摄像头
面部识别
摄像头
网关服务器
云端
AI
解析
A
B
反馈
安全
地铁站乘客摔落到铁轨上等安全事故的识别

SECTION 13：

促进地方产业发展：赛马欢不欢，8K 摄像机和 5G 来查看

8K 影像技术在 5G 时代下的发挥备受期待。
尽管有观点认为“4K 已经足够，8K 实属多余”，
但实际感受过 8K 后，才会明白那种“临场感”的与众不同。

◆养马场部署 5G 基站，实时画面监控

5G 和 8K 影像有着良好的配合度。KDDI 和夏普等公司使用 5G 进行 8K 影像的实时传输，在北海道新冠郡新冠町的日高养马场进行了一项养马支援的测试。

这家养马场所培育的是一种轻型马，马的体重为 400—500 公斤，运动能力优异，主要作为赛马培育。在日高养马场，有来自农家或马主人委托养育的约 200 匹小马驹。

在养育小马驹时，驯马师和马主人大约每月来一次马场，观察小马驹的情况。无法前往马场的时候，也可以通过照片或录像来查看。日高养马场的负责人说：“有的马主人也希望能通过实时的视频，看到自家小马驹的样子，但因为通信条件不足，还没有办法实现。”

马主人和驯马师在观察小马驹的情况时，需要特别仔细地查看小马驹的鬃毛和肌肉。如此精细的图像传输，正是 8K 摄像头的特长。而在数据传输时，虽然光纤线缆也能满足要求，但从马场的每个角落传输 8K 影像，就需要 5G 的超高速通信来实现。

◆小马驹的毛发，8K 影像来观察

测试试验在马厩中设置了 8K 的摄像机，通过马厩内的 5G 基站传

输 8K 影像。测试使用了 28GHz 的频段，上传 2 段 8K 超清视频的速度为 200Mbps。此外，通过搭载有 8K 摄像头的无人机，经过 5G 通信实时传输赛马在训练奔跑中的画面。这些画面在附近观光景点的实时播放，也有利于促进地方旅游行业的发展。

实际观看 8K 影像，就能看出和 4K 的明显不同。8K 视频中，能清晰看到马的鬃毛和肌肉。甚至在马厩门上标注有小马驹名字和血缘关系的铭牌上的小字也看得一清二楚。

身临其境的临场感，是 8K 和 5G 带给我们无与伦比的极致体验。

[13] **使用无人机实现 5G 直播**

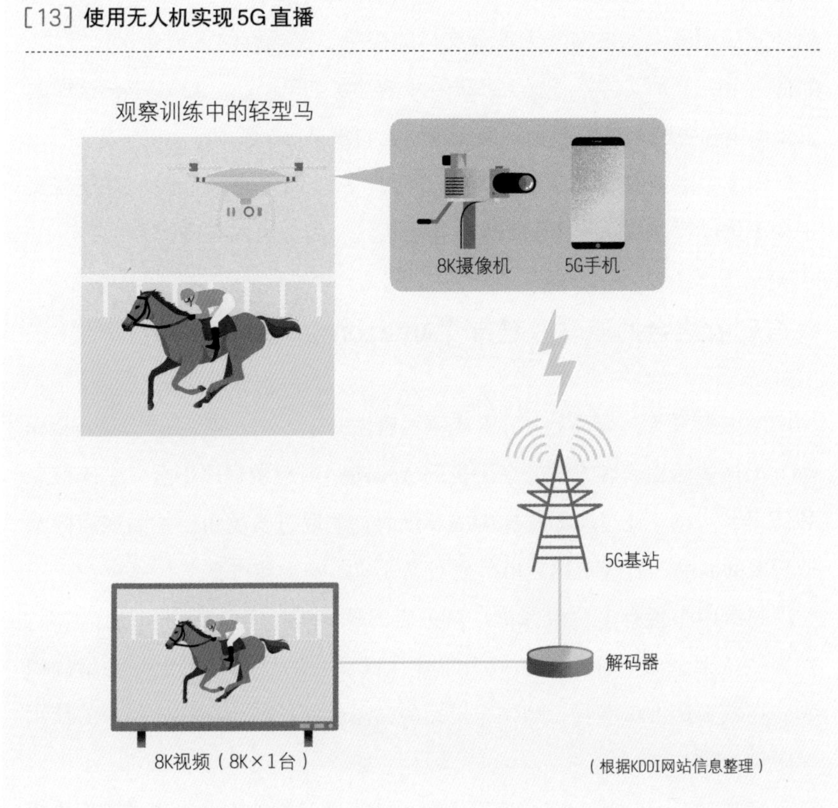

（根据KDDI网站信息整理）

SECTION 14：

零售业：无人超市逐渐普及

2019 年，无现金支付补贴推动了二维码支付。

一直以来，都是“刷”手机付款。2019 年开始，“扫”手机就可以完成付款。

未来，5G 时代下，将实现无动作的自动结算。

◆未来，购物不再需要操作手机

2019 年 10 月，伴随着消费税税率提高，日本提出了一项补贴消费者的优惠政策，即消费者无现金支付时，向消费者发放一定金额的补贴。这项补贴活动极大地推动了无现金支付的普及。在既有的无现金支付方法，如信用卡、苹果支付等基础上，进一步增加了如 Paypay、LINE Pay 这样的二维码支付方法。各家公司围绕无现金支付展开激烈竞争。

眼下，不论是读取二维码支付，还是手机 NFC 近场支付，都还需要手持手机进行操作。未来可能连操作手机这一步都可以省略掉。

◆告别收银台的亚马逊超市“Amazon Go”

2019 年夏天，亚马逊公司在美国西雅图开展了无收银台超市“Amazon Go”的体验活动。客人预先在手机的 Amazon Go 应用程序中登录个人信息和信用卡信息。通过应用程序中的二维码，刷码进入超市。然后在店内拿取想要的商品，直接走出超市，就自动完成了购物和付款。

超市内布置有多台摄像机，对进店的顾客进行面部识别和动作追踪。顾客从货架拿取了什么商品或者将什么商品放回货架，系统都会精确识别。在顾客走出超市时，购物车里的商品总金额，就会从预先登录的信用卡中被扣除。

像 Amazon Go 超市刷码进门这样，目前很多场景还需要通过操作手机来确定身份，比如在机场登机时，也需要在登机口掏出手机、展示二维码确认个人信息。未来，随着 5G 手机的普及，可以在超市入口上方定向发送 28GHz 电波，对从下方通过的客人的身份进行识别，并通过店内的摄像头进一步追踪这个人在店内购物的举动，再在客人离店时通过 28GHz 电波获得信息。

如此一来，进店、购物、付钱、离开，整个过程完全不需要把手机从口袋中取出操作。不仅是超市，商城、大型购物中心等，都可以使用这项技术。收银台、收银员将成为历史，有助于解决整个社会劳动力不足的问题。

[14] 无收银台的 Amazon Go

客人拿取商品时，
商品被加入购物车(虚拟购物车)
在上方设置传感器，
实时识别把握客人动作
付款
带着商品离店时自动结算
进店
使用预先下载登录的App上的二维码
进店

SECTION 15：

重型设备的远程操控：解决劳动力不足，改善工作环境

重型设备远程操作技术在建筑工地的实用化备受关注。
从东京奥运会、残奥会，到大阪世博会，
建筑行业需求旺盛，但同时劳动力不足的问题日渐凸显。
5G 也许是解决上述问题的有效手段。

◆建筑工地上重型设备的远程操作

2020 年东京奥运会、残奥会，2025 年大阪世博会接踵而至。日本迎来新一轮密集的建设高峰期。但在建筑现场，始终存在劳动力不足的问题。而 5G 将是协助解决建筑工地劳动力不足问题的有效手段。

NTT Docomo 和小松制作所（挖掘机制造商）、KDDI 和大林组及 NEC 等联合，开发了对挖掘机等建筑机械进行远程操作的系统。通过在工地现场设置 5G 基站，在挖掘机上安装 5G 通信设备、传感器以及 4K 摄像机等，实现了挖掘机的 5G 远程操作。操作人员通过 4K 高清晰度影像以及传感器带来的振动感，实时感受现场情况，和在现场操作别无二致。

◆日行千里开挖掘机

通过实现 5G 远程操作，哪怕操作人员坐在东京的公司里，也可以实现上午在冲绳的工地干活，下午就出现在北海道的建筑现场操作挖掘机。此外，在繁忙的海港码头，操作人员一旦坐进龙门吊的操作间，就面临长期不能上厕所的难题。如果调运集装箱的龙门吊也实现了远程操作，操作人员就不会受到客观条件的限制，实现如厕自由。5G 通信正在提供更加舒适的劳动环境，给操作人员带来更多便利。

[15] 重型机械的远程操作

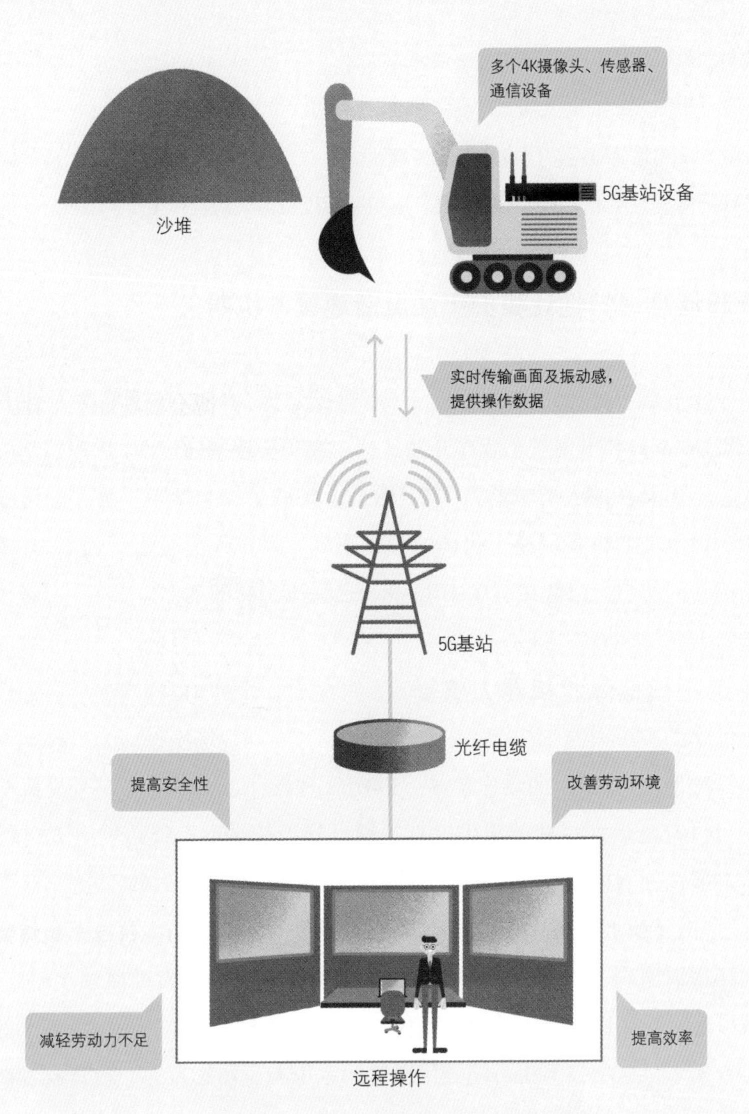

SECTION 16：

远程机器人：离岛的医疗和救助

要是危险作业都能交给机器人该多好。
但是，机器人却很难做到像人一样细致。
依靠 5G 的超低延迟，以及先进的传感器，
把现场情况真实地传递给操作人员，就有望实现机器人对操作人员的替代。

◆超低延迟特性让我们更加灵活地操作机器人

在远程机器人控制应用上，5G 超低延迟的特点备受期待。日本的 NTT Docomo 和丰田汽车合作开发技术，成功实现了通过 5G 远程控制机器人。丰田开发的人形机器人“T-HR3”，搭载了控制扭矩（力）的伺服模块，以及能自由控制整个机体的控制系统。操作人员能感受到 T-HR3 受到的外部的力，也能控制 T-HR3 和自己做出一样的动作。

◆远程模拟体验机器人感受

为了让 T-HR3 的动作顺畅，T-HR3 和操作系统之间的信号交流几乎不可以有延迟。因此，丰田一直是通过延迟较少的有线传输方式进行测试。通过和 NTT Docomo 的联合开发，发挥 5G 超低延迟的特点，“双手抓球”“捏起积木”“握手”等需要用到“力”的精细动作，通过无线传输也同样得以实现。进而，在机器人上安装摄像头，操作人员佩戴 VR 眼镜，就可以在远程操控间内模拟和体验高度的现场感了。

未来，这项技术将可能被用于辅助老年人、残疾人的护理，或者在医疗现场、发生自然灾害时等人们难以在第一时间到达现场的情况下，通过远程操控机器人进行救助。

[16] 丰田的人形机器人

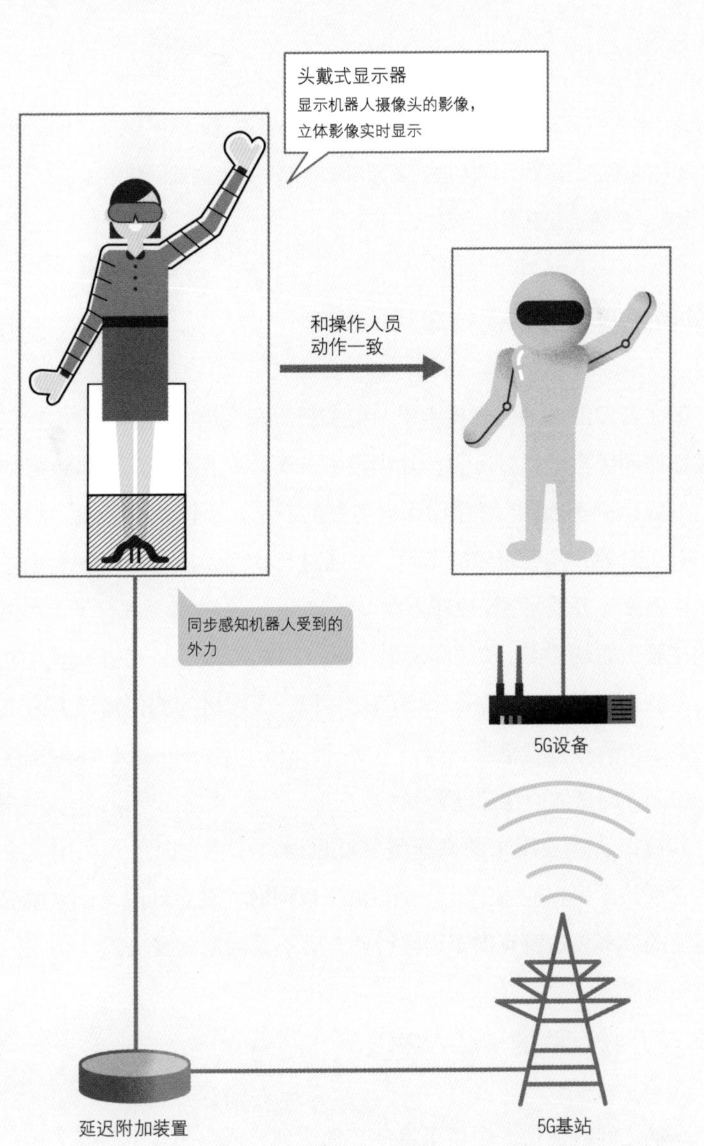
头戴式显示器
显示机器人摄像头的影像，
立体影像实时显示
和操作人员
动作一致
同步感知机器人受到的
外力
5G设备
延迟附加装置
5G基站

SECTION 17：

自动驾驶①：一人驾驶，队列巡航

要实现完全的自动驾驶，仅靠汽车制造商的独自开发是远远不够的。
车辆之间的通信，需要全球的通信商、汽车零部件制造商共同制定标准。
相关企业、团体已经在付诸行动。

◆车辆之间交流，保持车辆间距离

正在开发的自动驾驶技术中，能实现汽车在道路上高度自由行驶的等级被称作 4 级自动驾驶。目前这项技术的实现尚存在一定困难，但“在高速上形成队列巡航”，则存在非常实际的需求。所谓队列巡航，是领航的头车有人驾驶，其后跟随的车辆，都通过自动驾驶技术跟随头车行进。

软银率先开发了 5G 的新方案（5G-NR），在高速上进行了卡车队列行驶的试验。在约 14km 长的高速上，3 辆卡车保持 70km 时速实现了队列巡航。车辆之间通过 5G 信号（4.5GHz 频段、无线区间的传输延迟为 1ms 以下）共享位置和速度信息，进行了实时 CACC（Coordinated Adaptive Cruise Control，协调自适应性巡航控制）。

其后，普通乘用车的高速路测试也得以成功，向技术实用化更进一步。这项技术得以应用后，一个司机可以同时驾驶多辆汽车，大幅提高公路运输的效率。这将有助于运输行业人力不足问题的解决。

◆车与万物互联的“C-V2X”

车辆之间的通信，今后也将逐步推广到普通乘用车上。前方道路堵塞中的车辆摄像头拍到的影像，可以共享给后方车辆的驾驶员，了解堵塞的情况。

另外，在路上出现障碍物时，几公里外的车辆也能及时收到通知。不仅是车辆之间的通信，包括“车和信号灯”“车和路标”“车和人”等，各种互联都会相继出现。这些互联的方式统称为“C-V2X”（C 代表蜂窝网络，V 代表汽车，X 代表各种其他事物）。

[17] **自动驾驶实现队列巡航**

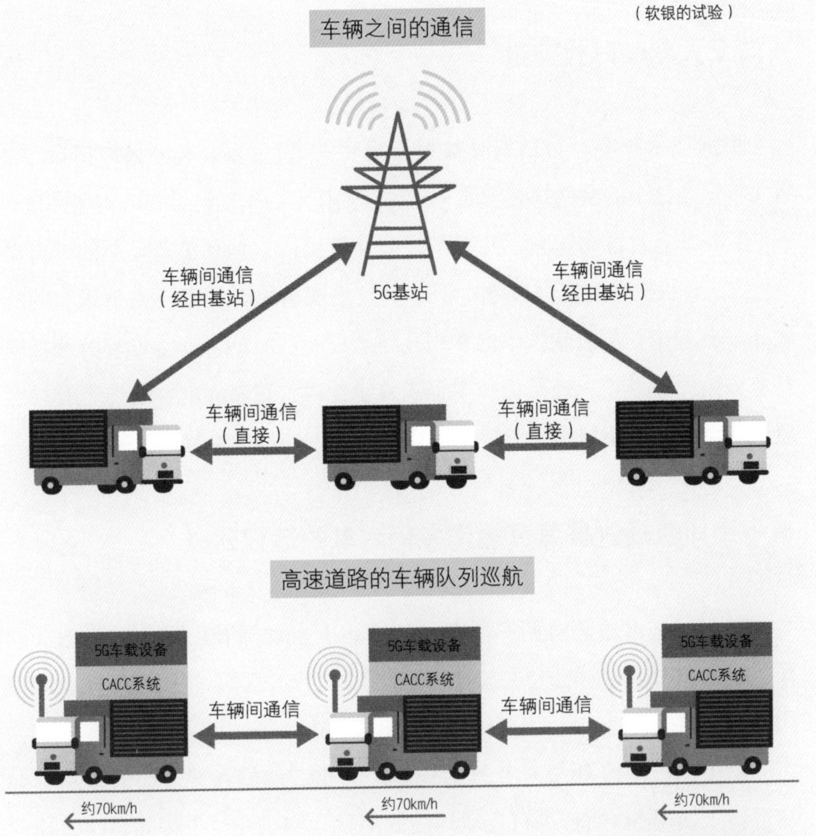

（根据软银官网信息整理）

SECTION 18：

自动驾驶②：无人驾驶售卖车、无人驾驶出租车

在人口稀少的地区，存在着一群“购物难民”。
他们想前往商场购物，却没有合适的交通方式。
这也是自动驾驶的一个新应用场景。
除了载人的自动驾驶，也可以有运送货物的自动驾驶。

◆向无人驾驶时代前进

根据技术程度，自动驾驶被划分为 0—5 级。在日本，最高搭载了 2 级（特定条件下的自动驾驶功能）自动驾驶技术的车辆已经投入市场销售。

3 级以上的自动驾驶，几乎不需要司机操作，是真正意义上的“自动驾驶”。虽然技术上已经成熟，但“一旦出现事故时，责任方是谁”的问题还没有定论，所以到技术的实用化还需要一些时间。安全驾驶的责任究竟应该由司机承担，还是由技术提供方承担呢？这些问题在法律上和社会基础建设上还有待解决。

◆一个司机通过屏幕可操作多辆汽车的远程驾驶

汽车通过自适应协调实现在一般道路上自动驾驶已经不太遥远。同样，通过和 5G 技术的协同，“远程监控下的自动驾驶”也似乎很快就能应用到实际中来。

KDDI 在 2019 年 2 月 9 日向媒体上宣布，他们在普通公共道路上成功进行了使用 5G 通信进行自动驾驶的测试。测试在位于爱知县一宫市的 KDDI 名古屋网络中心附近进行。这个测试中心设置有 5G 基站（28GHz

[18] **自动驾驶等级**

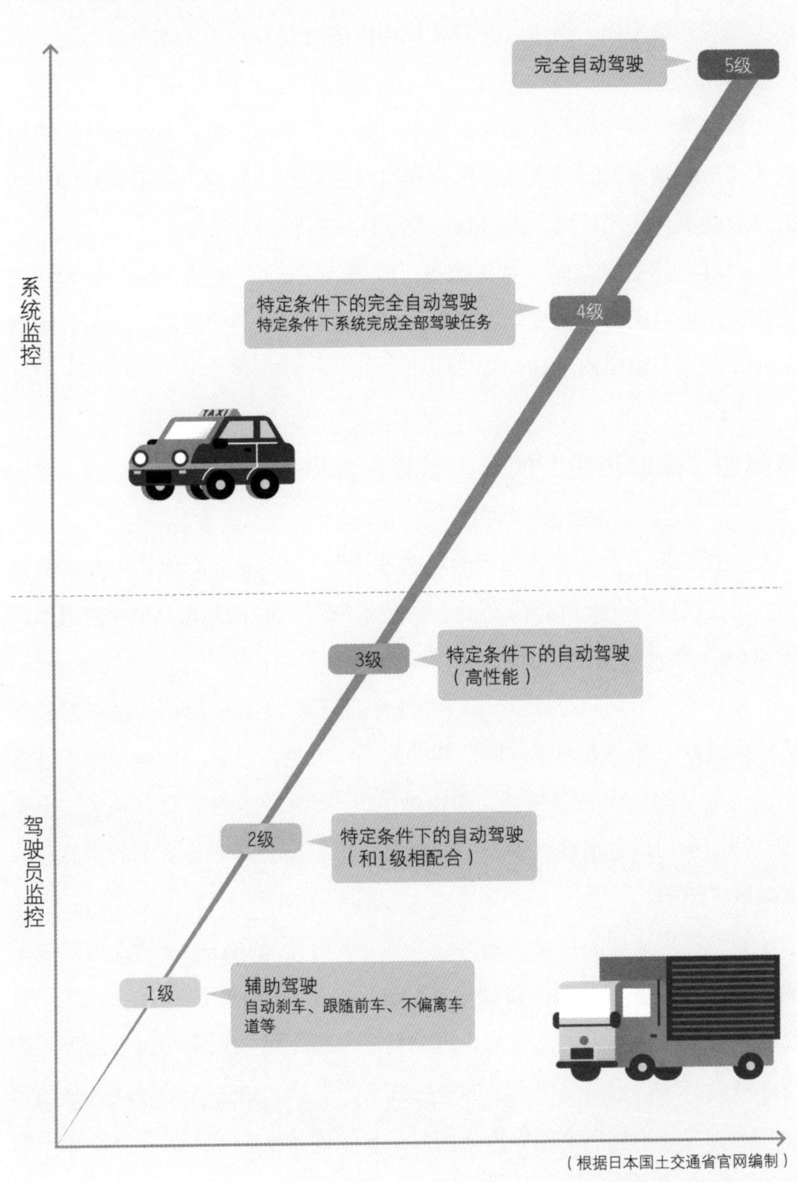

（根据日本国土交通省官网编制）

及 Sub-6）。在附近的公共道路上，安装有 5G 天线的测试车行驶了 200m。测试过程中和相向行驶的车辆进行了多次会车。测试中，虽然在副驾驶座位上有观察员乘坐，但也仅是对系统操作进行观察。车辆本身已经达到了 4 级自动驾驶。

自动驾驶系统通过安装在车顶的红外雷达及摄像机，对周边状况进行确认。根据预置的高精度地图数据在道路上行驶。同时，根据雷达确认到的周边的车及人的状况，进行紧急刹车或左右转向等操作。

通过车体上安装的 5 台摄像机，经过 5G 或 4G 通信传输，在远程的操作室内可以实时确认现场周围的环境。这样在紧急情况时，也可以远程由人工介入车辆操控。

◆拯救“购物难民”的无人驾驶售卖车

一直以来，无人驾驶测试的车速被控制在 15km/h 以内，而此次测试的车速首次被允许按 30km/h 进行。从技术角度，5G 的超低延迟特点可以满足 40km/h 车速的要求，但从安全方面考虑，暂时控制车速不超过 30km/h。

在日本，特别是小城镇，人口老龄化日趋严重。一方面生活中驾驶车辆不可或缺，另一方面难以胜任驾驶的老年人越来越多。由此产生了许多无法正常采购生活必需品的“购物难民”。同时，因为劳动力缺乏，出租车、公交车司机也出现人手不足的情况，出租车公司、公交车公司的经营受到较大影响。

如果连接通信的自动驾驶得以普及，装有食品和日用品的无人驾驶车辆可以在一定区域范围内自动巡回行驶，为有需求的人群提供购物便利；或者在需要去医院看病的时候，自动驾驶出租车可以到家门口来迎接，这些都将会实现。只需要用自己的手机或平板电脑，通过 App 呼叫，自动驾驶车辆就会前来提供上门服务。同时，为了确认乘车老人的安全，车内情况也可以通过网络传输到远程操控中心的大屏幕上。

[19] 无人驾驶服务示例

（日本国土交通省在老龄化地区的试验）

- 设置运行管理中心，对自动驾驶车辆的实时情况进行监控
- 使用者通过手机等呼叫服务，运行管理中心通知使用者预计乘车时间
- 自动驾驶车辆原则上和公交车时刻表配合安排

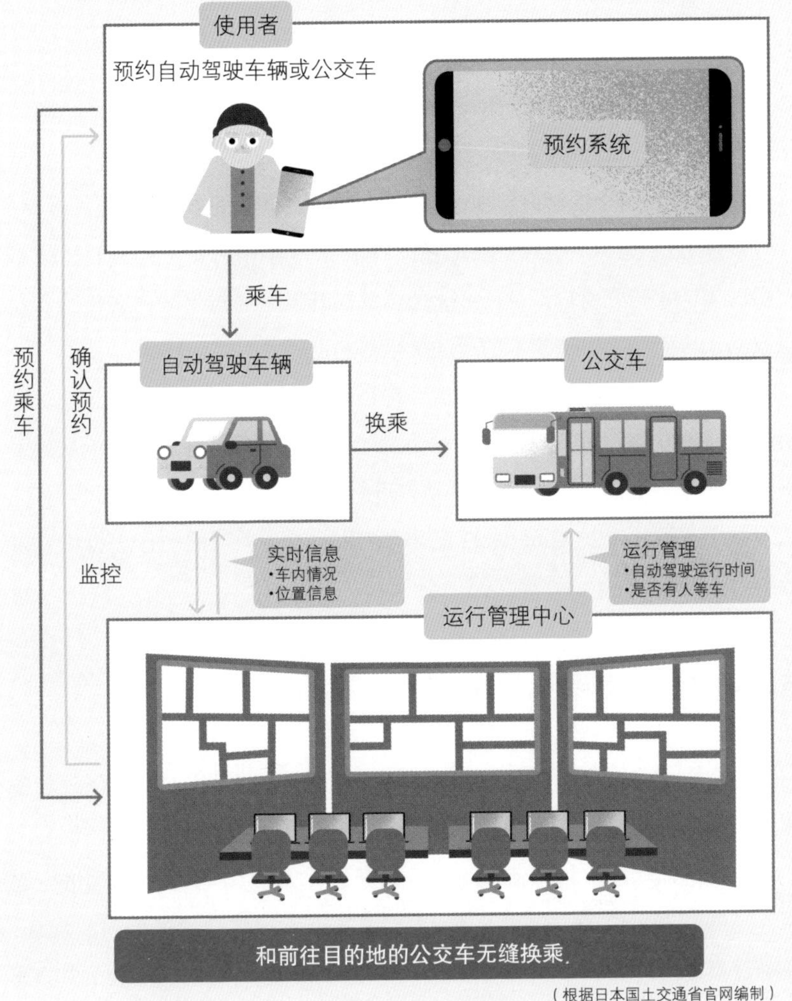

和前往目的地的公交车无缝换乘.

（根据日本国土交通省官网编制）

SECTION 19：

IoT：足球内置传感器解析球员动作

东京奥运会、残奥会促进了全民运动热。

学生们热爱体育，但没有教练指导。

通过 IoT，没有专业教练，也可以进行专业的训练。

◆ IoT 在体育中得到应用

IoT 让我们身边的所有事物相连接。这项技术正通过 5G 变得更加普及。

在体育的世界里，IoT 也正在发挥着重要作用，比如“IoT 足球”。KDDI、KDDI 研究所以及 Acrodea 公司共同开发了通过足球内置传感器获取数据，从而提升球员技术的运动员培养辅助系统。

足球中内置了加速度、角速度、地磁传感等多个传感器，对运动员踢出的球的“球速”“转速”“旋转轴角度”等进行分析，并将数据传送到手机上。通过专用的 App 对运动员动作进行拍摄，并和分析数据同时保存。从视频中提取运动员的 65 处关节运动，从而对运动员的动作进行识别及分析。

◆运动员佩戴传感器，实时掌握比赛状态

在橄榄球等体育项目中，一项新的技术正得以应用。运动员佩戴具备测定 GPS、心跳、运动强度、疲劳程度等功能的传感器，实时掌握比赛中的动作、身体状态。传感器收集到的数据通过 5G 网络传输到云端进行解析。这些数据可以通过屏幕，和 8K 高清赛事共同传递给屏幕前的观众，或通过赛场内的 5G 网络传送到现场观众的手机上。由此，5G 和 IoT 给观众带来全新的观赛体验。

[20] IoT 足球以及 AI“运动员培养辅助系统”

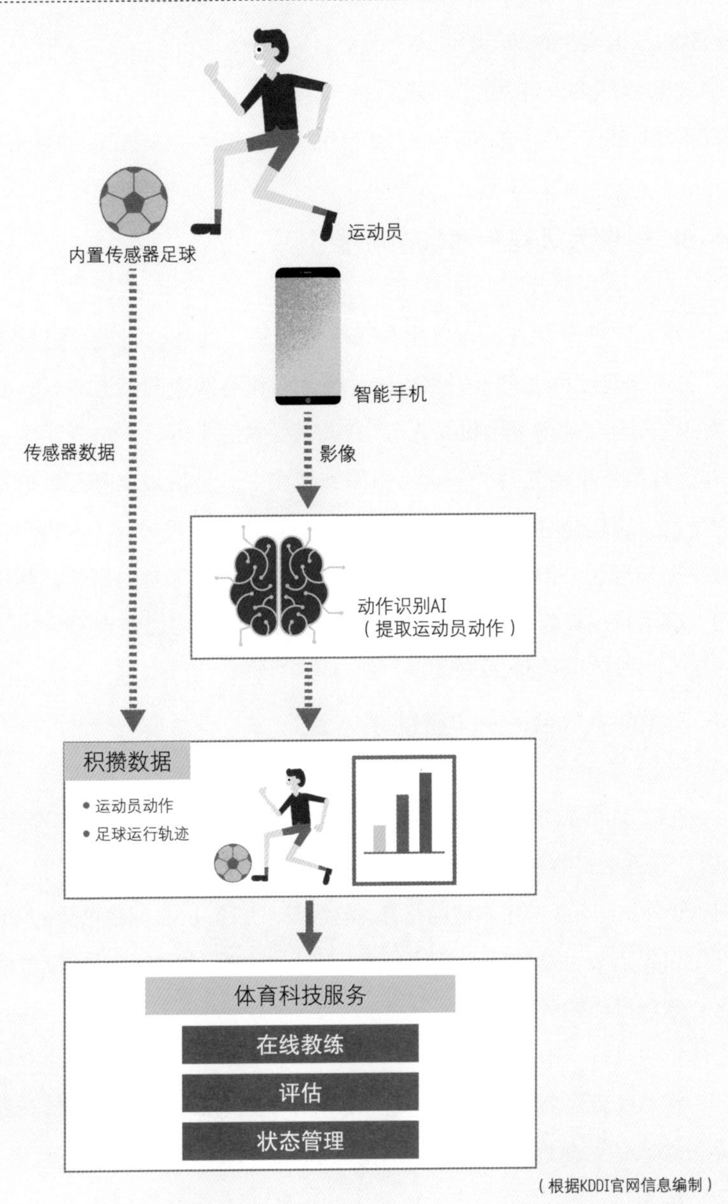

（根据KDDI官网信息编制）

SECTION 20：

医疗：5G 远程来诊疗

在日本，人口稀少的地区增多，医生缺失。

5G 远程医疗有助于解决这个问题。

通过和 8K 镜头、传感器的配合，医生远程提供专业诊疗的新方法，备受关注。

◆ 8K 影像为远程手术带来可能

在人口稀少的地区，医生和医疗机构缺失的社会问题日趋严重。而 5G 为解决这个问题带来一种可能。将来在没有医生的偏远地区，也许可以配置一台“远程手术机器人”，有人需要紧急手术时，由专业医生通过 5G 远程操作机器人进行手术。但回到现实中，恐怕很难有人敢拍着胸脯保证说，通信是时刻稳定而不会中断的。所以，远程进行手术仍然是一个有难度的理想。但通过 8K 影像，由医生远程查看患者的情况，并获得脉搏、健康状况等数据，实现远程的诊疗毫无疑问是可以做到的。

◆车里的手术台——“智能手术室”

NTT Docomo 开发了一台装载有手术台的卡车，被称为“智能手术室”。在这台“智能手术室”里，成套的医疗设备都连接上网络，系统随时、迅速整理并汇总手术情况及患者的状态，并通过 5G 网络进行远程传输。

根据需要，智能手术室可以和医生一同被派往灾害现场或者偏远地区。现场操作的医生可以一边接收远程专业医师的指导建议，一边在智能手术室内进行手术。

在对肠胃等器官进行检查时，颜色对于医生来说是做出正确诊断的必要条件之一。在远程诊断时，高清晰的 8K 影像具有更高的颜色表现力。而传输 8K 影像需要的大容量传输，正是 5G 通信的优势所在。

[21] 使用5G的远程医疗

（和歌山县、和歌山县立医科大学、NTT Docomo联合试验）

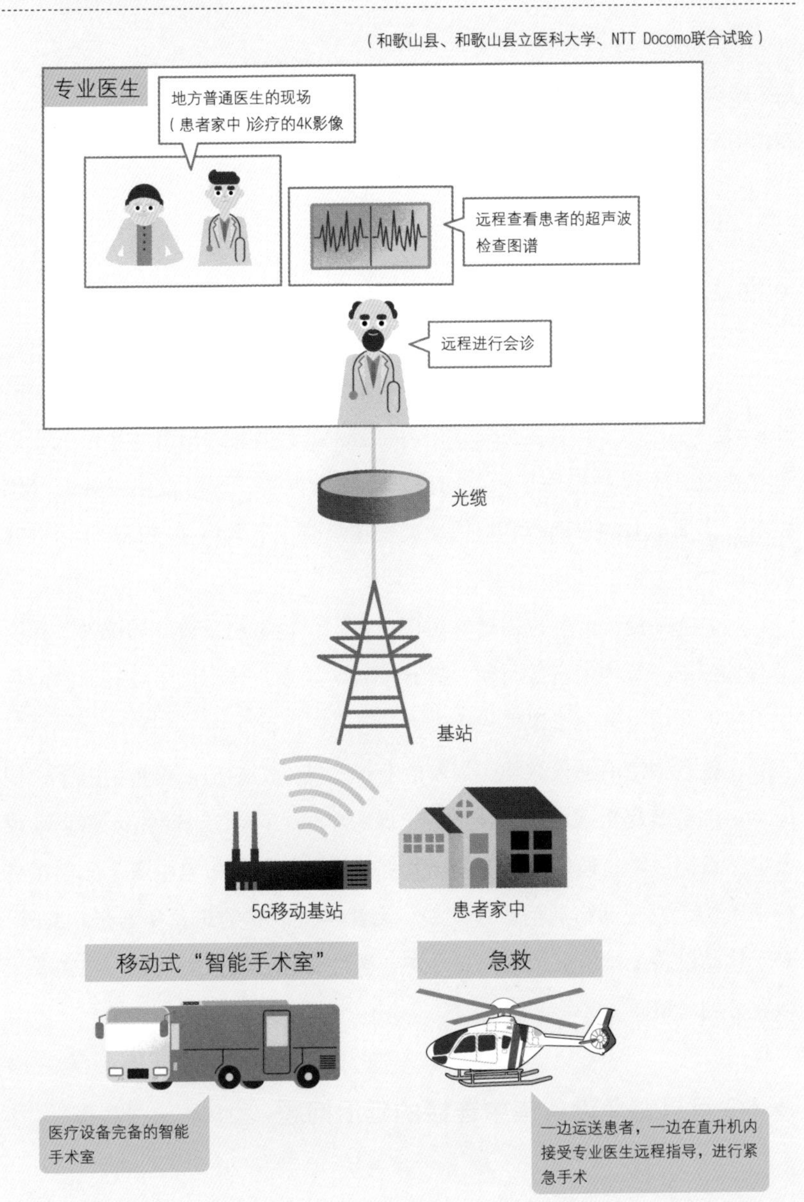

SECTION 21：

教育：学生们需要 5G 网

越来越多的学校在教学过程中使用平板电脑。

在教室里，大家同时连接 Wi-Fi 时，会出现 Wi-Fi 速度变慢的问题。

5G 更适合学生们上课的需求。

◆推动流畅的 ICT 学习

在学校，学生们使用平板电脑进行学习的一种颇有成效的新方法——ICT（Information and communication technology，信息通信技术）学习方式正在普及。不仅是使用平板电脑搜索、观看视频，更可以使用 AR、MR 技术，让书本上的平面内容立体地展现在眼前，从多角度加深对学习内容的理解。

对老师来说，既不再需要在黑板上书写，也不用发放纸质课件，提高了教学效率，节约了备课时间，提升了教学效果。这有助于减轻老师的负担，把更多精力集中于课程和学生。

在教室中使用平板教学，需要配套畅通的网络通信。这种情况下，使用 Wi-Fi 会容易出现故障。比如，上课时学生们同时连接网络，Wi-Fi 设备突然负担过重，通信质量变差。我们对实际使用平板电脑教学的学校进行了走访，发现网络通信质量变差，会让学生们感到焦急和紧张。此外，对于移动设备上学生的个人信息保护、软件管理、防盗等问题，也需要采取充分的对策。

◆ 5G 可以避免设备集中连接的延迟问题

在教室中进行 ICT 学习时，连接无线网络不可或缺，但使用 Wi-Fi 时有诸多问题有待解决。而5G蜂窝网络（运营商提供的无线网络）是解决这些问题的好办法。

不必在教室、体育馆、老师办公室、图书馆各个位置都安装路由器，只需要在学校附近设置一个5G基站，就可以解决所有问题。

这样的教学方式，需要给每位学生配备5G平板电脑。在上课时，即使学生们集中连接网络，能大容量传输的5G网络也游刃有余。而设备故障诊断、丢失和找回、病毒入侵等，也能够由后台的管理系统通过5G网络轻松管理。另外，5G平板电脑，即使带到操场，或者在校外、家里学习时，也一样方便使用。

[22] 推动学校ICT学习方式中使用蜂窝网络的优势

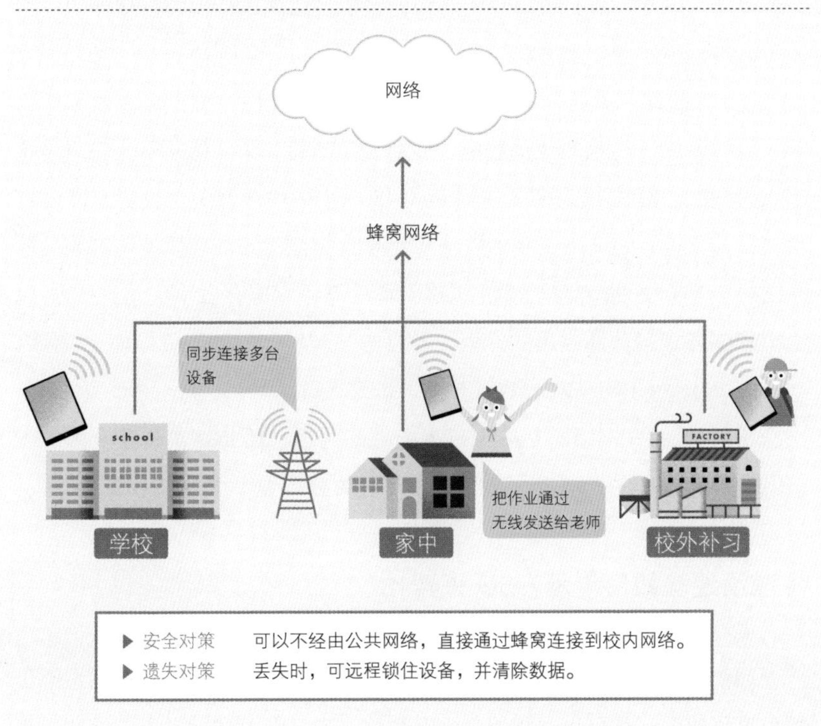
网络
蜂窝网络
同步连接多台设备
school
FACTORY
把作业通过无线发送给老师
学校
家中
校外补习
▶ 安全对策　可以不经由公共网络，直接通过蜂窝连接到校内网络。
▶ 遗失对策　丢失时，可远程锁住设备，并清除数据。

SECTION 22：

促进地方发展：重视“基础设施普及率”

在 5G 的地区普及规划中，尤其重视对小地方的规划。

NTT Docomo 和 KDDI 在大城市以外的小地方，也展示出积极布局的姿态。

相较之下，软银和乐天在对小地方的考虑上表现略有不足。

人口稀少的小地方，也能享受到 5G 的便利吗？

◆实现全国性的普及

在推广 5G 的政策上，日本总务省提出了“地方振兴”的关键标语。

到 4G 为止的通信网络，主要重点在“人口覆盖率”，即如何重点对人口密集居住的地方进行覆盖。不必说，手机是由人来使用的，这样的思路十分合理。

而 5G 的推广重点，不在于人口覆盖率，而是以基础设施普及率作为标准设置基站。这项政策的思路，是将全日本按 10km 见方划分成网格状（二次区块）。除去无人区，共划分成 4500 个区块。其中，设置有高度特性基站的比例，定义为“基础设施普及率”。而获得 5G 频段使用牌照的要求之一，是到 2024 年 4 月为止，运营商的基础设施普及率应达到 50% 以上。根据各家运营商提出的计划，各自的基础设施普及率目标如下：NTT Docomo 97%，KDDI 93%，软银 64%，乐天 56.1%。

所以说，5G 网络不是以人口为中心的网络，而是切实覆盖全国的无线网络。5G 将会在农业、渔业、林业等地方性产业中得到实际应用。

◆酿酒经验如何传承？5G 来帮忙

如何用 5G 实现地方发展和振兴？在水产养殖业中，通过在海水中设置温度传感器，就可以远程管理水温数据。通过在山林间设置传感器，就可以提前发现山体滑坡的征兆。

KDDI 在会津若松使用 5G 和无人机，探索了帮助提高“日本酒”生产效率的方法。比如，在酿酒用的大米的稻田上空，无人机从空中浏览禾苗颜色，对禾苗的健康状况及收获期进行分析预测。另外，酿酒师退休时，也不必担心酿酒经验无法传承。通过各种传感器对数据进行管理分析，对不可见的酿酒经验进行数据化科学管理。再通过数据化科学管理远程管理现场，提升生产效率。

KDDI 在 2019 年设立了 30 亿日元的“地方振兴基金”，助力地方上的初创企业拓展 5G 新应用，振兴地方发展。

[23] 相比人口普及率，5G 推广重视“基础设施普及率”

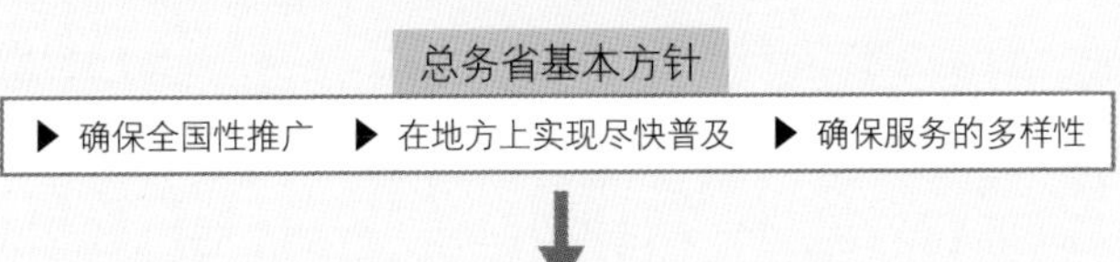

将日本全国按10km见方进行划分，不论都市还是乡镇，都尽量覆盖完整

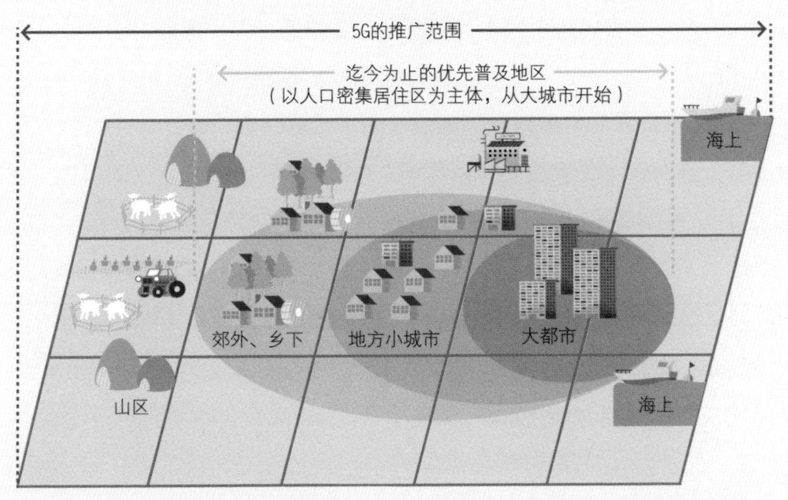

（根据日本总务省官网汇总信息编制）

SECTION 23:

农业：缓解劳动力不足，消除坏天气的影响

日本农业劳动力不足的问题由来已久。
并且日本的天气多变，不利于农作物的生长。
通过传感器和 IoT 组合，减轻劳作负担，
农耕机械自动运行，提高效率。

◆耕地高效管理，大幅节约人力

在日本，劳动力不足日益凸显的农业领域，是 5G 和 IoT 的用武之地。

兵库县丰冈市提倡的“白鹳栽培法（无农药栽培法）”，是用青蛙或水蚤（蜻蜓幼虫）消灭害虫，来代替农药的一种栽培方式。为了增加青蛙和水蚤的数量，水田中蓄水的时间比一般要长。这给农民的工作带来很大负担，需要常常去田边观察水位的变化。有些拥有大片田地的农家，甚至仅仅在确认水位这一项工作上，每天都要花去半天时间。

对此，KDDI 和丰冈市共同实施了一项试验。通过在水田中设置水位传感器，农民就可以通过手机看到水位变化，不再需要亲自跑到田里，省下了大量的时间和精力，也节约了成本。

这次试验使用的水位传感器，适配了蜂窝 LPWA 规格的 LTE-M 无线网。通过蜂窝网络，不设置自己的网关服务器也可以运行。

◆农耕机械的自动化变革

像拖拉机或收割机这样的农耕机械，其自动运行作为 5G 和 IoT 在农业上的一项重要应用，受到关注。这类应用需要厘米级别的精准定位服

务。通过精度高达厘米级别的定位，拖拉机或收割机在农田中可以沿着正确的路线行进。

如此一来，假如要在台风临近前赶着收割庄稼，就不需要农民连夜赶工，而由机械自动运行，避免了恶劣天气带来的损失。农民可以在家里通过影像监控现场的画面。在类似于这样的远程操作中，5G 也是不可或缺的。

[24] **智能农业的案例**

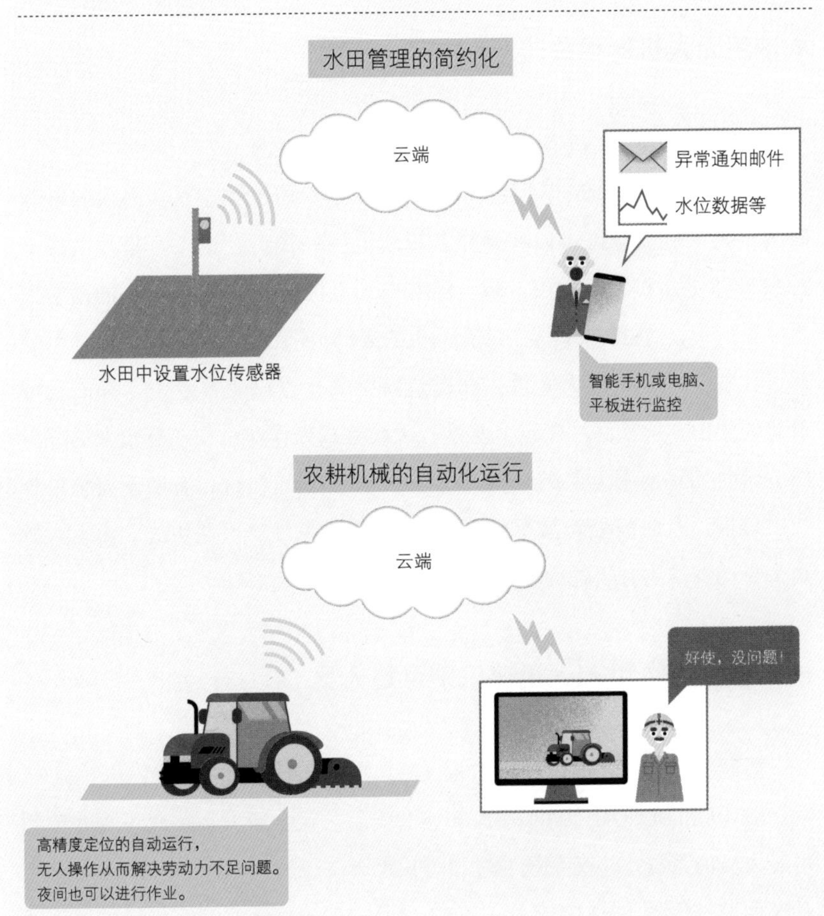
水田管理的简约化
云端
异常通知邮件
水位数据等
水田中设置水位传感器
智能手机或电脑、
平板进行监控
农耕机械的自动化运行
云端
好使，没问题！
高精度定位的自动运行，
无人操作从而解决劳动力不足问题。
夜间也可以进行作业。

SECTION 24：

无人机：装备摄像头和 5G，活跃于基础设施和安全领域

无人机被越来越多地应用于安保和建筑检查等领域。
日本颁布新法规，将不再要求无人机受限于操作者目视范围内，允许“视距外飞行”。
今后，通信技术将让无人机的运动范围变得更加广阔。

◆使用无人机的相关法规逐步放宽

越来越多的无人机搭载了 4G 或 5G 通信的功能。

2018 年，日本政府对无人机的使用要求有所放宽。在孤岛或山谷等地区，无人机被允许可以在操作者视线范围外飞行。这一宽松政策将于 2022 年进一步扩大到城市区域。随着在无人机上搭载 4G 或 5G 的通信模块以及镜头，“视距外飞行”的无人机的运动范围将大大延伸。

具备通信功能的无人机，在建筑桥梁的检查以及农业中，都能发挥重要的作用。比如高层建筑、基站、天线等高处作业，往往有较大的危险性。这时如果使用无人机飞行，通过 4K 镜头实时检查，有助于安全地查找出破损，及时修复。甚至可以增加 AI 的图像自动识别功能，由无人机镜头自动查找出有问题的位置。

◆无人机影像和 AI，迅速识别可疑人员

搭载了镜头以及通信功能的无人机，在安全领域大有作为。

KDDI 和 SECOM（日本一家知名的安防公司）研发了一套识别并控制可疑人员的系统。这套系统通过在可长距离飞行的无人机 Smart Drone、自动巡回监控机器人 SECOM RobortX2 以及安保人员随身等多处设置高清镜

头，将捕捉的4K画面通过5G回传到SECOM的移动式监控中心。移动式监控中心则通过AI对接收到的4K影像中的人物动作行为进行解析，识别其中的异常情况，由系统自动通知安保人员，从而迅速有效地对可疑人员进行识别和控制。

毫无疑问，无人机将在各行各业大展身手。但诸如电池续航有限、搭载重量仅限于几公斤、在人群上空飞行时的安全等问题，仍有待新的技术来解决。

[25] **配备镜头及通信功能的智能无人机**

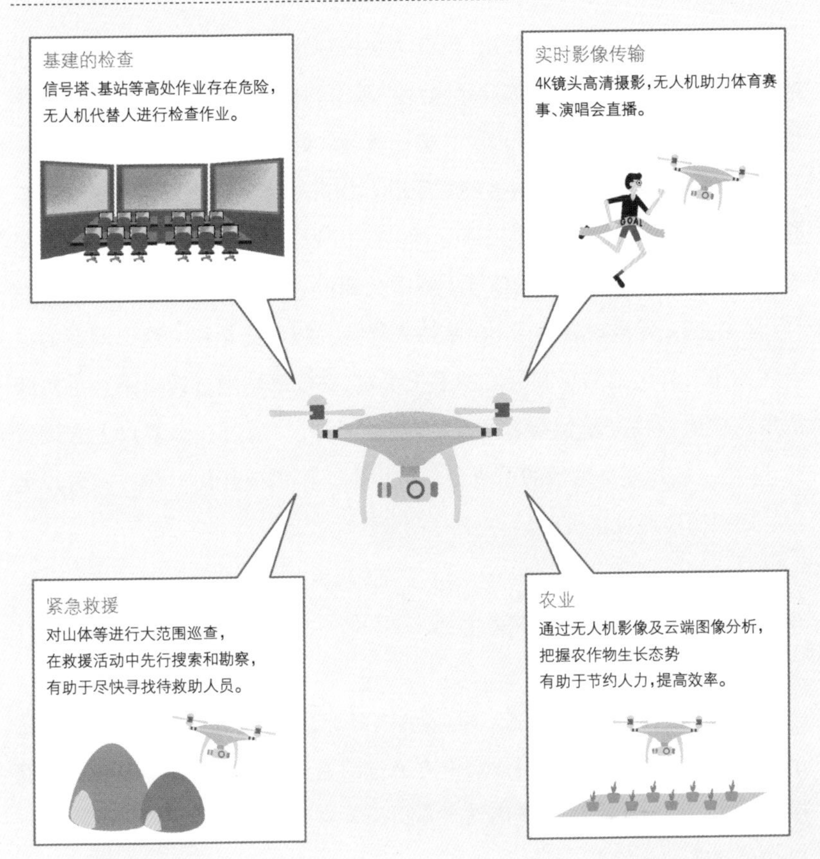

基建的检查
信号塔、基站等高处作业存在危险，
无人机代替人进行检查作业。
实时影像传输
4K镜头高清摄影，无人机助力体育赛事、演唱会直播。
GOAL
紧急救援
对山体等进行大范围巡查，
在救援活动中先行搜索和勘察，
有助于尽快寻找待救助人员。
农业
通过无人机影像及云端图像分析，
把握农作物生长态势
有助于节约人力，提高效率。

交通：乘坐地铁、飞机进入无接触搭乘时代

5G 所使用的 28GHz 频段，
具有高速及单向精确传输的特性。
利用这样的特性，KDDI 和 JAL 开发了“无接触式登机”的新用途。

◆到点未登机，5G 找到您

5G 所使用的 28GHz 频段，具有电波传输距离短的缺点。各家通信商对于如何用好这个频段，都绞尽脑汁。其中，KDDI 和 JAL（日本航空公司）的一项测试，把这个频段“传输距离短”的劣势转化为了优势。

在机场，时常会发生乘客到时间没有登机的情况，让航空公司伤透脑筋。地勤人员在机场大厅里来回寻找，却发现原来是乘客沉迷购物，忘记了时间，或者干脆在候机的椅子上呼呼大睡。

在机场大厅内设置多个 5G 基站来寻找，很可能是解决这个问题的一个好办法。将机票信息和乘客的手机绑定，5G 基站通过搜索乘客手机的信号，就能够精准定位乘客所在的位置。另外，通过在登机口上方设置 5G 基站，乘客随身携带的手机自动被识别，不需要任何操作，就可以无接触式顺畅地通过登机口。

◆无接触乘车将走进日常生活

通过 28GHz 频段的电波，基站可以对连接的设备进行精准定位。在出入口上方设置基站，则可以对下方通过的人员进行识别。这项技术可以用于地铁站乘车。未来，进出站时不再需要拿出手机刷卡或二维码，放在口袋里就进出自如。

[26] JAL和KDDI的无接触式登机

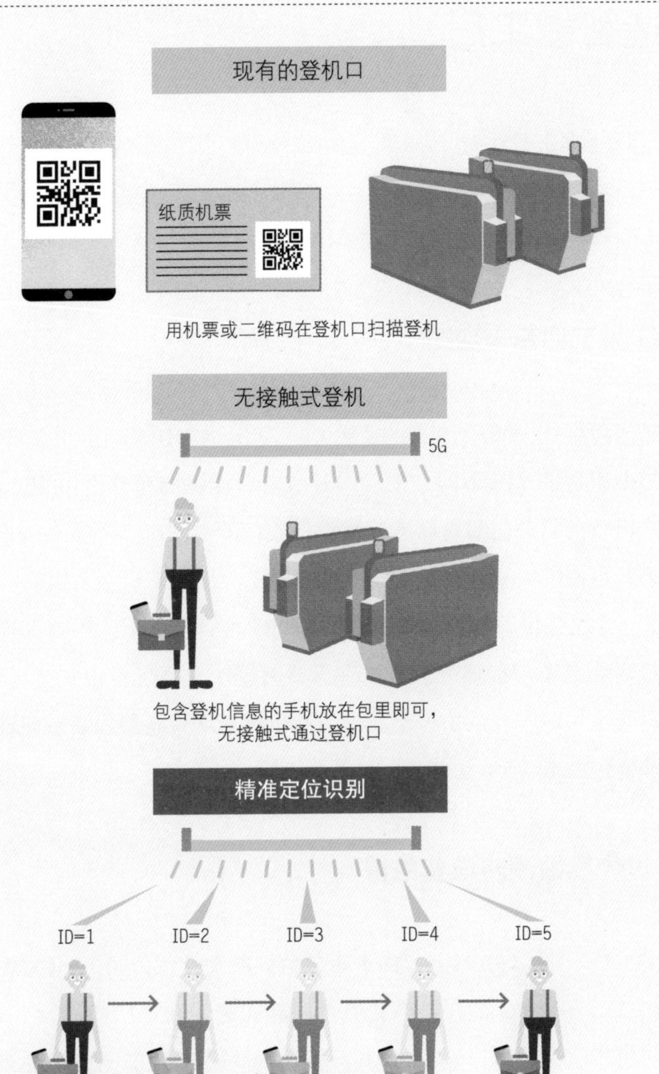
现有的登机口
纸质机票
用机票或二维码在登机口扫描登机
无接触式登机
5G
包含登机信息的手机放在包里即可，
无接触式通过登机口
精准定位识别
ID=1
ID=2
ID=3
ID=4
ID=5

5G通信的28GHz频段，对电波的方向可以做精准划分。
根据通信位置分配ID，精确识别用户位置。

SECTION 26:

工厂：实时性和稳定性助力打造智能工厂

通过在工厂设备上安装各类传感器，可以预判设备可能发生的故障。

工厂正在步入智能化。

对设备进行通信管理，工厂内的“局部 5G”值得期待。

◆ 5G 为工厂带来变革

5G 会为工厂带来什么样的变革？

根据制造的产品不同，工厂内时常要对设备的布置作出调整。这时，不仅是设备的电源需要重新连接，设备通信的电缆也必须重新铺设，既操作复杂，也占用大量时间。由此造成的停工，也给工厂带来损失。

而 5G 能够帮助解决这些问题。在 5G 通信条件下，不再需要通信电缆，只需要电源的拔插，就可以在需要时轻松更换设备位置。另外，“超低延迟”也可以实现从中控室发出的指令迅速地传达给设备或机器人。在通信的稳定性上，5G 也比 Wi-Fi 更加优越。

◆通过传感器预防设备故障

NTT Docomo、FANUC（日本知名的机器人设备公司）、日立制作所正在共同探讨利用 5G 提高工厂智能化的新课题。在工厂内推行 IoT，通过各类传感器收集数据，然后对制造设备进行统一调度管理，以达到生产现场的最优状态，提高生产效率，并且提高工厂内布置自由度。

另外，在设备上安装传感器，也可以预判设备的故障，从而及时地进行故障排查和修理。

在产品出现瑕疵时，能通过工业镜头和人工智能迅速识别，及时通报给品质管理人员。

工厂内的5G系统，既有像NTT Docomo这样的通信公司提供方案，也有类似于“局部5G”这样的仅在工厂范围内进行5G通信的系统解决方案。

[27] 5G助力智能工厂

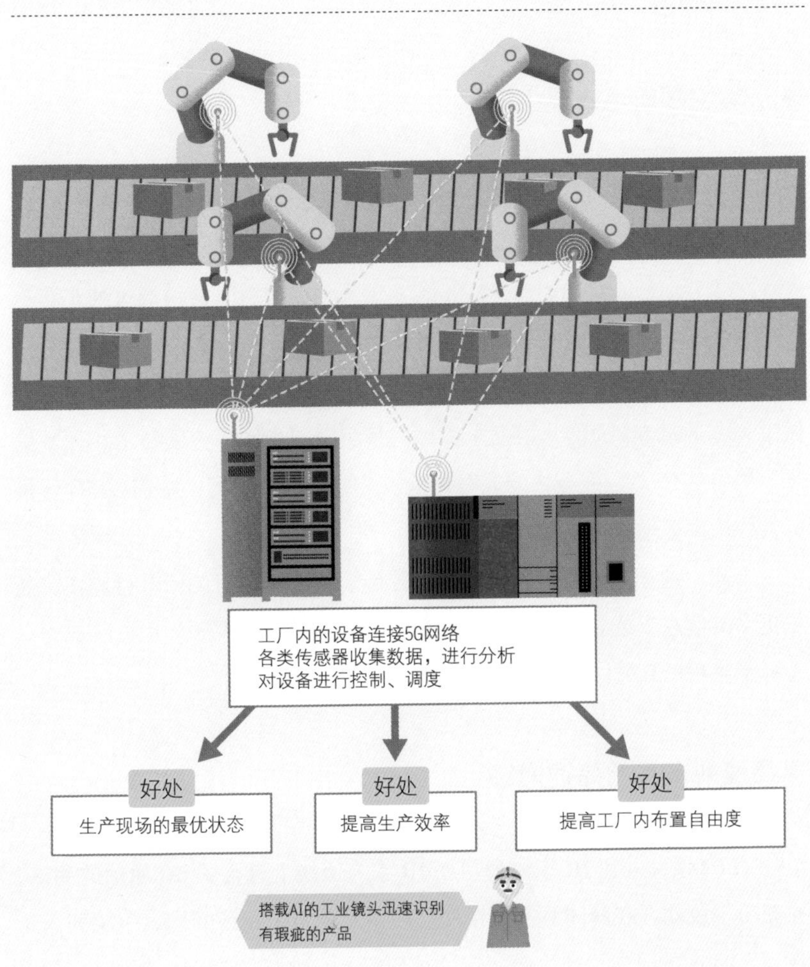
工厂内的设备连接5G网络
各类传感器收集数据，进行分析
对设备进行控制、调度
好处
生产现场的最优状态
好处
提高生产效率
好处
提高工厂内布置自由度
搭载AI的工业镜头迅速识别
有瑕疵的产品

SECTION 27：

观光：列车窗户变身触控屏

在乘坐新干线时，要是可以使用 5G，

既可以适当工作，也可以看视频娱乐。

那么在乘坐新干线这样高速行驶的列车时使用 5G，

真的可以实现吗？

◆从车窗观看 AR 或上网

说到 5G，往往我们会首先想到手机和平板电脑。不仅这些，5G 设备多种多样。未来，列车本身可能也是其中一种。

NTT Docomo 和 JR（Japan Railway）九州公司就“探讨通过列车车窗提供 AR 旅行新体验服务”达成了一项合作协议。

正如其合作的名称一样，这是一次通过列车的车窗显示 AR 内容的尝试。列车通过 5G 通信，根据车窗外的景色，同步在车窗上显示相关的信息，为乘客带来一种全新的旅行体验。丰富的 AR 内容，则需要 5G 这样的大容量高速通信来支持。

未来，列车车窗也可以设计成触控屏。乘客可以对画面进行操作，显示更多的信息，或者在车窗上打开浏览器上网、观看视频，也许会成为一种享受旅程的新方式。

◆高速列车上的高速网络

NTT Docomo 和 JR 东海公司在 JR 东海道线上进行了 5G 通信的测试，并获得了成功。在静冈县富士市的三岛站到新富士站区间内，一趟列车正在以 238km 的时速飞速奔驰。在这趟列车上，进行了 28GHz 频段的 5G 无线信号传输。8K 视频从地面基站传送到车内，车内的 4K 镜头的画面也成功同步传输到地面基站，实现了同步画面直播。

要实现这项技术，可能需要在新干线沿线布置大量的基站。但在高速列车里观看 5G 高速视频，想想也令人感到趣味盎然。

[28] 列车车窗提升旅行趣味

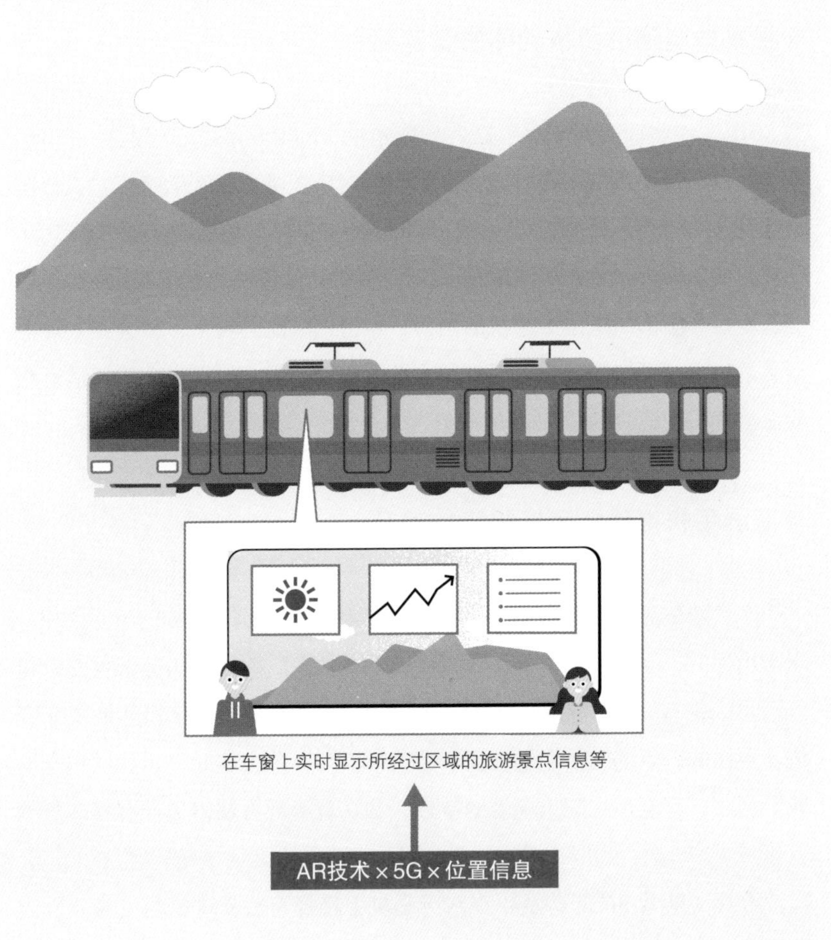
在车窗上实时显示所经过区域的旅游景点信息等
AR技术 × 5G × 位置信息

SECTION 28：

演唱会：多台现场摄像机视角由你做主

音乐现场和 5G 的结合，为观看演唱会带来一种新方式。

多台摄像机的视角进行组合，定制与众不同的视觉享受。

◆观看角度随心所欲的体感型直播

5G 技术非常适合应用于提供临场体验。NTT Docomo 运用这一特点，计划提供一项可以从多角度观看演唱会的视听服务。这项服务通过“新体感现场”App，在一台双屏手机上播放。上方主屏幕显示的是 2160×1080 像素的 HD 画质，下方副屏幕显示的是 3120×1440 像素的 QHD 画质。副屏幕提供 6 个不同机位摄像机的画面，点击你喜欢的视角，就会在主屏上显示。有了这项功能，在看偶像团队的演出时，观众可以自由选择最喜欢的那个成员的镜头视角。

◆双屏手机推动多角度视听的普及

在“新体感现场”画面上，跟随艺人的动作，会随时同步显示边框。点击边框后，会出现相关的推荐视频、艺人信息、购物小店等新页面。粉丝还可以把弹幕实时打到屏幕上，支持自己的偶像，或者和其他观众交流。再比如，点击画面上的表演者后，可以在屏幕上实时显示粉丝赠送的花和礼物，甚至还有满天星光的特效，和在现场观看演出一样有着热烈的气氛。

今后，随着 5G 的普及，在双屏手机上选择自己喜欢的角度观看，这将成为欣赏演唱会、体育赛事的新方式。

[29] NTT Docomo的“新体感现场”

双屏智能手机

5G应用程序的4种观赏模式

多角度观看模式	TIG模式
从6个高清晰直播画面中 选择自己切换的角度，全屏欣赏	镜头跟踪特定艺人， 点击边框后显示更多相关视频、信息
活跃模式	**弹幕模式**
在屏幕上点击艺人后， 来自粉丝们的表情、礼物、掌声特效 实时同步在画面上显示	观看者实时共享现场嗨翻天， 为偶像欢呼， 体验仿佛就在演唱会现场的临场感

（根据NTT Docomo主页信息编制）

SECTION 29:

云游戏：各家公司竞相搭建游戏平台

游戏正在逐步向云端转移。

其中，谷歌率先发布了云游戏平台。索尼也和微软达成合作。

云游戏竞争白热化初现端倪。

◆云游戏，告别游戏机，告别游戏软件

游戏行业正在朝着云端大步迈进。谷歌在 2019 年 11 月率先发布了基于云端的游戏服务 Stadia，并于 2020 年正式启用。这项服务首先在美国、加拿大、英国、法国、德国、意大利等 14 个国家推出，可惜的是第一批发布国家不包括日本。

用内置 Wi-Fi 的专用手柄连接云端后，从电视播放游戏画面。或者是在电脑或平板的 Chrome 浏览器上直接启动游戏。高精细度、高品质的游戏画面，不再依靠于动辄几千元的游戏机。图像处理等高负荷计算都在云端完成，简单的设备也可以用来玩高级游戏。当然，良好的通信环境是必不可少的，4K 画质需要大约 35Mbps 的网速，而 10Mbps 的网速则可以保障 720p 的画质水准。

◆索尼和微软的合作，令人意外

不知道是不是被谷歌率先迈入云游戏平台业务所带来的危机感所影响，索尼和微软这两家死对头居然达成了合作。在专业游戏机领域，毫无疑问索尼的 PlayStation 和微软的 Xbox 是世界两强，针锋相对。而此次为了和谷歌的云游戏平台对抗，索尼和微软竟也强强联手，合作推出云游戏，着实令人感到意外。

索尼虽然在 PlayStation 上大获成功，但在云端技术方面的积累并不深厚，所以需要有力的合作伙伴。

恰好微软开发了名为 Azure 的云服务平台，形成互补。与此同时，索尼领先的图像传感器技术，和微软的 AI 技术相结合，在开发全新的面向企业级用户的高性能图像传感器上，也可能带来新的灵感。

各家公司在云游戏上的投入，一定程度上可以说是看到了 5G 的未来潜力。5G 的超低延迟特性，为云游戏对反应灵敏度的高要求，提供了完美的解决方案。

关于云游戏平台，亚马逊公司也收购了游戏视频网站 Twitch，以期待迈入游戏领域。另外，苹果公司也在苹果商店推出了 Arcade 服务，提供了无限畅玩的订阅收费服务。Arcade 仍需要下载后游玩，采取的是“没有网络也可以自由游戏”的策略，对云游戏平台的发展形成一种牵制。

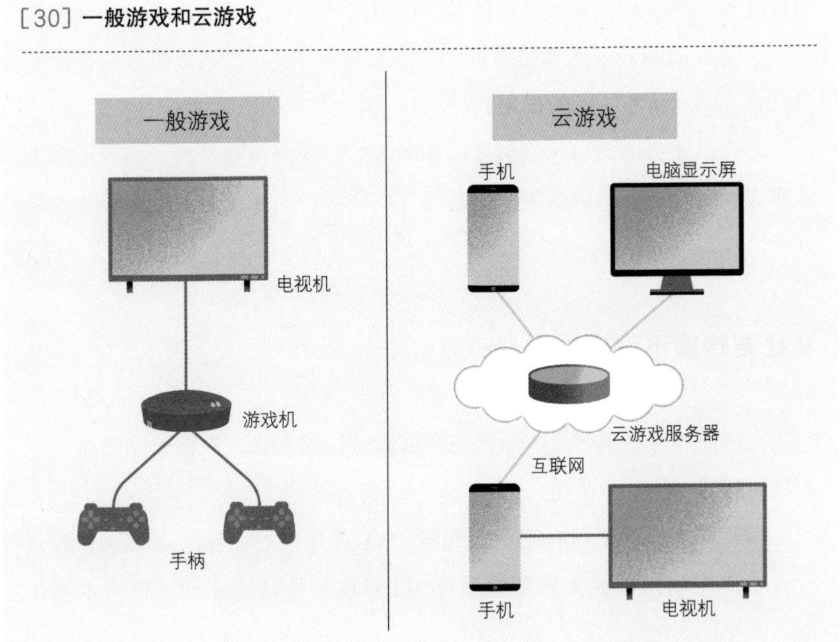

SECTION 30:

体育赛事直播：多角度自由掌控

你一定很想感受体育直播的现场气氛。

感受赛场的热烈气氛和运动员的激烈比拼，赛事直播将变得更有乐趣。

数个镜头可以自由切换，多角度视听未来可期。

◆在直播画面中加入辅助信息

2019 年 9 月 20 日，NTT Docomo 推出了 5G 体验式服务。在这具有重要意义的第一步，NTT 选择的测试场景是橄榄球世界杯比赛现场。5G 技术为球场内的现场观众以及在直播会场的观众带来了全新的观赛体验。

在直播会场，主办方为每位观众提供一台双屏手机。一个屏幕显示多个角度的比赛镜头，观众可以从其中选择自己喜欢的角度；另一个屏幕则显示比赛直播画面。这就是所谓的“多角度视听”，可以让观众选择追踪自己喜欢的球队和队员的视角。

不仅是比赛画面，球员信息以及解说员的解说也同步播出，为不熟悉比赛规则的观众提供讲解。即使是第一次收看橄榄球比赛，也会很快投入其中。

◆比赛转播不可或缺的 MEC

在转播体育赛事时，大量的视频数据被压缩发送。数据传输稍稍晚于现场的延迟现象不可避免。

为了将这样的延迟时间尽量缩短，5G 的视频处理及发送的服务器就设置在体育场内，最大限度地发挥 5G 的超低延迟特性。这种技术叫作 MEC（多接入边缘计算机）。

双屏智能手机

多角度观看赛事直播，
高光时刻重复观看

FOCUS模式追踪比赛闪光点
STATS模式显示球员数据
4种模式随意切换

多角度视听是如何实现的（概念图）

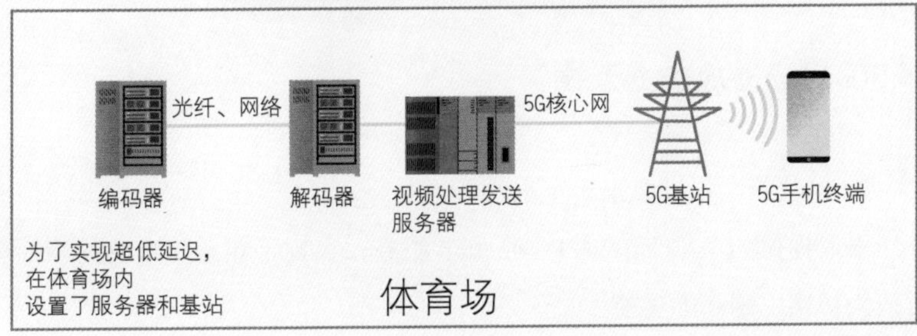

SECTION 31：

电视媒体：全民直播，活力四射

5G 高速大容量为视频媒体带来巨大活力。
在新闻现场，5G 网络的使用也越来越普及。
将原本昂贵的转播设备都置于云端，
直播的门槛大大降低，全民直播时代开启了。

◆压倒性的低成本直播

5G 在电视及媒体行业掀起一股改革的巨浪。

在 2019 年 9 月的日本橄榄球世界杯上，NTT Docomo 和日本电视台合作，在新西兰对战南非这场比赛的部分时间进行了 5G 通信下的 4K 影像传输的测试，获得成功。与此前的电缆传输相比，5G 信号传输实现了飞跃性的成本节约。

未来，如果所有的赛事摄像机都使用 5G 的话，就不再需要像现在的高尔夫球赛或者赛车比赛那样，动辄需要排布长达数十公里的通信电缆。现在的一些记者见面会或新闻现场已经在使用 3G 或 4G 进行现场直播，而 5G 将为采访和直播注入更大的活力。

◆ 5G 现场播放走上云端

5G 时代将会推动直播走上云端。

索尼提供的一项 Virtual Production 服务，实现了在云端对直播画面进行镜头切换、制作的功能。

现场摄像机或手机拍摄的视频即时传输到云端，在云端完成镜头切换、编辑、插入字幕等动作，然后直接将画面传输到观众的电脑或手机上，进行直播。

只需要有几台手机和浏览器，那么即使没有昂贵的转播设备，也可以轻松来一场个人的赛事直播。

5G 时代把转播设备送到云端，转播车以及专业转播设备都不再是必需品。直播将成为一件简单又不贵的事情。

[33] 索尼的Virtual Production

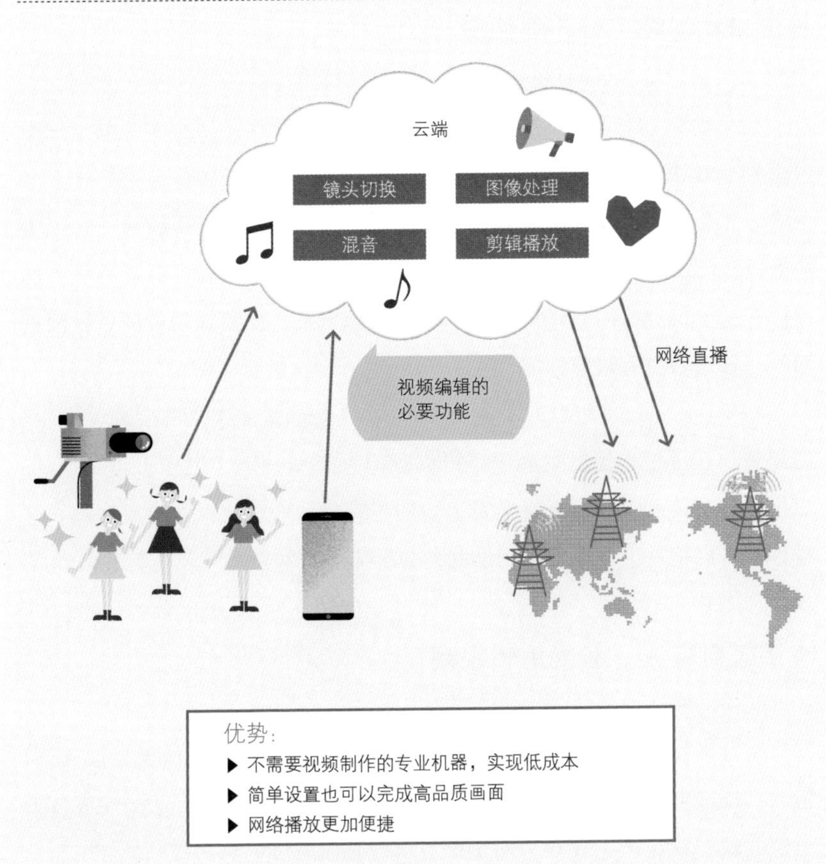

优势：

- 不需要视频制作的专业机器，实现低成本
- 简单设置也可以完成高品质画面
- 网络播放更加便捷

SECTION 32：

社交媒体：视频编辑 AI 将成为明星 App

随着 5G 手机的普及，在社交媒体上分享视频将成为日常交流的一部分。
但拍摄的视频如何进行编辑呢?
专业的视频编辑 AI 来帮助你。

◆手机拍视频，App 来编辑

在运动会上或者外出旅游时，大家都会拿出手机拍摄很多视频。拍摄时感到非常快乐，但拍完后往往视频就沉寂在手机里，很少会再打开。又或者，拍摄时会想随便先拍点什么，结果拍下来的视频缺乏趣味。想回头再好好编辑一下，却发现要把数据拷贝到电脑里才能编辑，有点麻烦。而想回味精彩的镜头时，还要把当初的视频翻出来，反复拖动进度条，浪费时间。你是否也有过这样的烦恼呢？

NTT Docomo 的一项服务就是为了解决这个难题。这项叫作 MARKERS 的服务，在手机拍摄的视频中，可以标记一个 Marker（记号），然后就可以把视频上传到云端。云端会对上传的视频自动进行剪辑，生成集锦。这样你就可以把这个集锦发送到你的社交媒体上，和你的朋友一起分享。

◆手机自带 AI，智能剪辑视频

夏普推出的一款智能手机 AQUOS R3，搭载了对所有视频进行 AI 剪辑的功能。长视频也可以截取到 15s 长度，方便上传到社交账号进行分享，受到一致好评。AI 也会对拍摄对象的表情进行识别，截取最佳镜头。

5G 时代的传媒属于视频。但长视频难以上传到社交媒体上去，不便和家人朋友共享，恐怕是很多人心中的一个遗憾。有了 AI 帮忙，你将获得超强的剪辑技术，做出最有趣的视频来。

[33] **视频的自动剪辑**

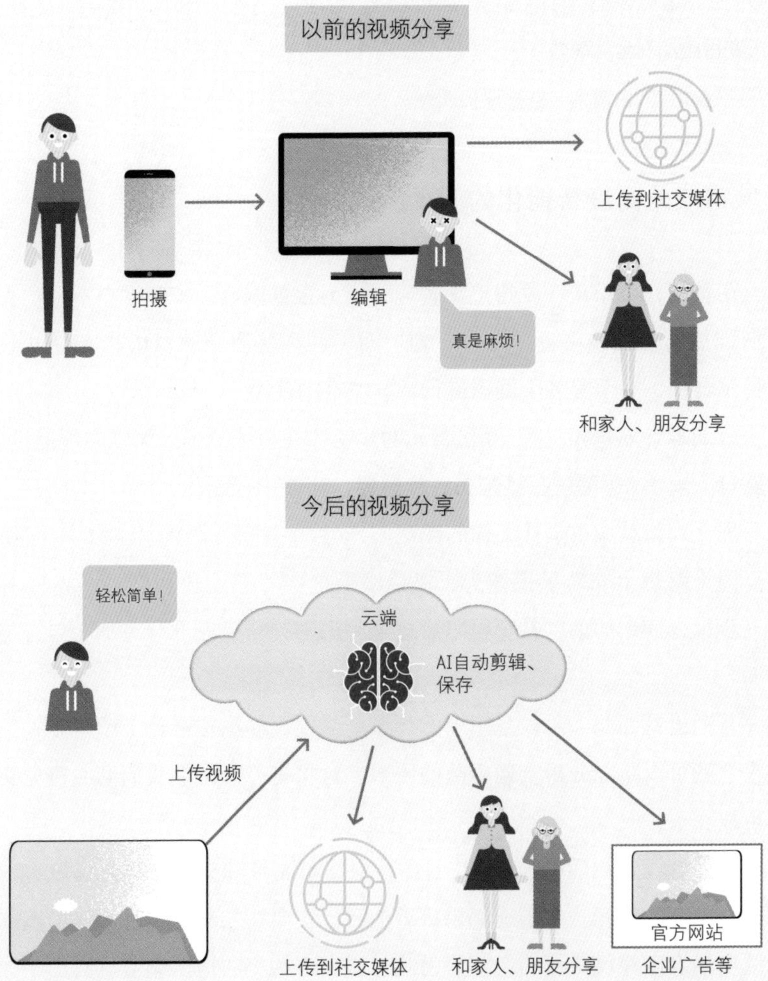

SECTION 33：

智慧城市：路上万物，皆在联网

城市中的一切设备，都和网络连接，这就是智慧城市。

所有的生活基础设施也都能通信，在云端进行管理。

城市变得更加安全且高效。

但“监控社会”也遭到一些批评和质疑。

◆城市成为高度智能化的 IT 网络

在美国，城市正在变得更加智能，成为智慧城市。NTT 发布了一项在拉斯维加斯推动城市智能化的计划。而美国通信商威瑞森也和 NVIDIA、英特尔合作，在全美各个城市进行智慧城市的建设。

威瑞森计划每年进行 20 亿美元的投资，在全美范围内加强光纤铺设，在路灯上安装 5G 基站、摄像头、传感器，让城市智能化。

那么，智慧城市是什么样的呢？

因为路灯上安装了摄像头，可以清晰把握所有人和车的动态。和 AI 进一步组合使用的话，甚至可以进行人脸识别，每个人的行踪都变得有迹可循。

车辆也是如此。不仅是车上的行车记录仪，如果在道路上设置多处摄像头，就可以跟踪分析交通事故的原因，这将有可能帮助我们彻底避免交通事故。

信号灯及车辆随时连接 5G 的话，根据车流量和交通状况，可以自动调整红绿灯的时间。主干道如果接近饱和、快要堵塞时，信号灯就可以向后续车辆发出建议绕行的通知。由此，城市内的交通得以调节，有助于缓解甚至彻底消除道路堵塞。

◆智慧城市解决地方问题

智慧城市在城市管理上也有所帮助。在各家各户的电表上加入通信功能，并且在路灯上安装传感器，就可以根据电力需求，对发电站的发电量进行细致的调节，有助于提高能源的使用效率。

智慧城市的发展，对于能源、碳中和、劳动力、交通、经济发展、灾害救助等地方问题的解决，都将带来积极的作用。

[34] **智慧城市**

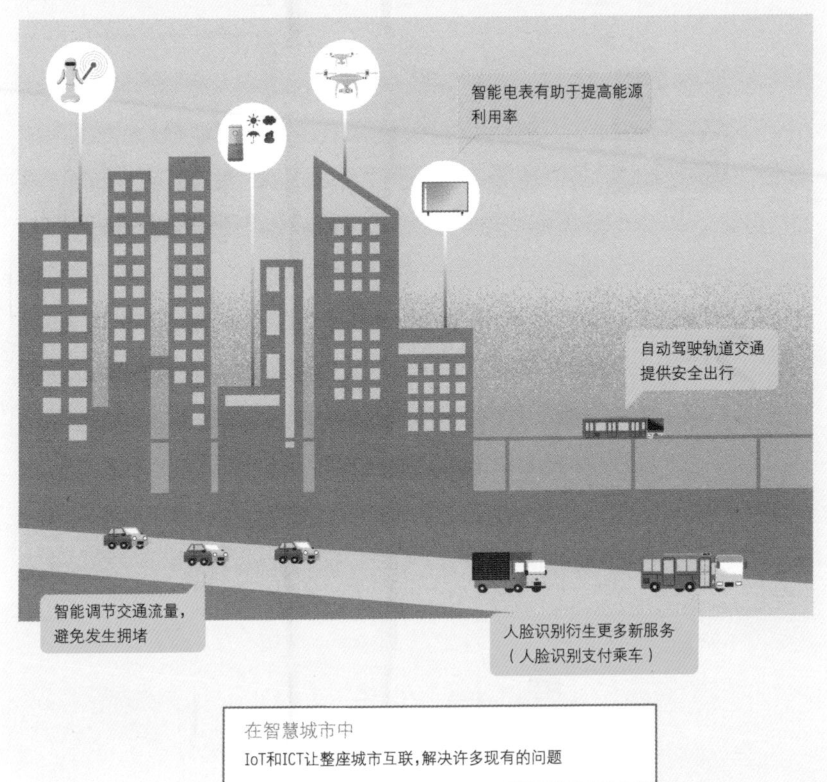
智能电表有助于提高能源利用率
自动驾驶轨道交通提供安全出行
智能调节交通流量，避免发生拥堵
人脸识别衍生更多新服务（人脸识别支付乘车）

在智慧城市中
IoT和ICT让整座城市互联，解决许多现有的问题

5G 为社会经济带来怎样的变化

1 5G 带来许多新型的服务

5G 的发展推动各式各样便捷而新颖的事物。

比如自由选择观看直播视角的多角度视听，

比如从车窗观看娱乐节目或广告的新概念汽车，

比如通过足球内置的传感器芯片对球员动作进行解析，等等。

医疗、运输、零售等诸多行业都发生巨变。

2 无接触、无现金支付

JAL 利用 5G 的电波特性，开发出了无接触式登机口。这项技术同样可以应用于地铁以及其他公共交通。此外，在美国亚马逊推出的无人超市，手机下载 App 后，只要带着手机通过出口，就完成了付款。这样的无接触、无现金支付技术，在未来生活中将得到更广泛的应用。

付款时
买完东西后直接通过出口，就自动完成付款

即使手机放在包里、口袋里，也不需要拿出来，一样可以通过闸机

第二部分中，我们对 5G 将为各行各业带来什么样的变化，做了详细介绍，并畅想由此带来的新商业模式。让我们再一起回顾一下。

3 智能手机新机型的诞生

为了最大限度地发挥 5G 的高速度、大容量、超低延迟的特性，双屏手机、折叠手机等新机型先后诞生。此外，同时具备平板电脑和笔记本特性的 2 in 1 平板电脑也逐渐普及。随着移动设备的发展，工作不再受到时间和地点的约束。

4 人口老龄化、劳动力不足的问题得以缓解

5G 推动了远程医疗（诊断）以及无人出租车这类服务的普及。特别在人口老龄化的地区，这类公共服务关乎居民的生活便利和安心。此外，重型机械设备的远程操作、智慧农业等，也得益于 5G 的发展，劳动力不足的问题在一定程度上得以缓解。

专栏 | 5G 小故事②

为了推广 5G 应用而试错的通信公司

为了在 2020 年春季顺利将 5G 投入商用，通信公司进行了各式各样的测试和实验。然而，“这个似乎不用 5G 也可以”的情况，在各种测试中也不少见。

也就是说，明明是为了开发 5G 用途、推广 5G 的测试实验，却发现高速度传输或者超低延迟的特性也并不是非要不可。“4G 够用”的场景时有发生。

此外，28GHz 频段之前从没有被用于民用通信，对于通信商来说，也是一个崭新的频段。在如何用好 28GHz 频段的问题上，各家通信商也是绞尽脑汁。

在一项体育场内的测试中，测试人员发现只要有人阻挡在 5G 平板电脑前，平板电脑就无法接收 28GHz 电波，显示无信号。只有将 5G 平板电脑固定住，将平板电脑和基站中间的场地清空后，信号才又恢复正常。现场测试负责人说：“要想在体育场内顺利输送 28GHz 频段电波，最好是把基站设置在顶棚上，从上向下传输，才能减少人对信号的阻挡。”像这样的经验教训，通过测试不断积累，为提高 5G 的实用性提供了宝贵的经验。

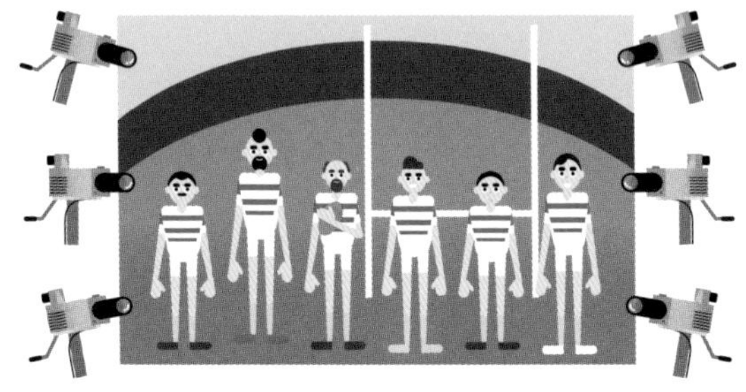

PART 3

改变世界，改变未来

SECTION 01：

MEC：实现超低延迟的通信技术

虽说 5G 具有超低延迟的特性，
但因为移动设备和云端之间存在的物理距离，延迟是无论如何都会发生的。
为了尽最大可能降低延迟，人们开发了在移动设备附近设置服务器的新技术，
这就是 MEC 技术。

◆将服务器就近设置在移动设备附近

随着 5G 的普及，通过移动设备传递的信息量急剧增加，这也给通信网络带来了巨大考验。虽然 5G 本身具有超低延迟的特性，但网络的负荷过重，却可能让这样的特性无从发挥。

为了解决这个问题，MEC 技术受到关注。MEC 曾经是 Mobile Edge Computing（移动边缘计算）的英文缩写，近来逐渐被 Multi-Access Edge Computer（多接入边缘计算机）的意思所代替。这项技术的主要内容是在基站旁设置服务器，进行数据处理，以提高通信的效率。

比如，在工业机械的自动运行过程中，需要能立刻对传感器获取的信息（数据）进行实时处理，即超低延迟处理。所以，就近对数据进行处理更为理想。也就是说，相比经过网络在云端做数据处理，在基站旁设置服务器更有利于实现超低延迟。

此外，比如电子竞技，网络延迟是关乎比赛胜负的关键因素，要求超低的网络延迟。还有像赛车等赛事直播，海量视频数据上传到云端需要花费大量时间，这时，在基站附近设置服务器进行数据处理就更具优势。

◆在日本，乐天移动扛起 MEC 大旗

作为海量数据分析关键的 MEC 技术，在日本主要由乐天移动主导开

发和推广。

乐天在日本全国约 4000 处 NTT 的基站内设置了 MEC 服务器，并计划把 MEC 的快速处理方案推广到全国。

[01] MEC的结构

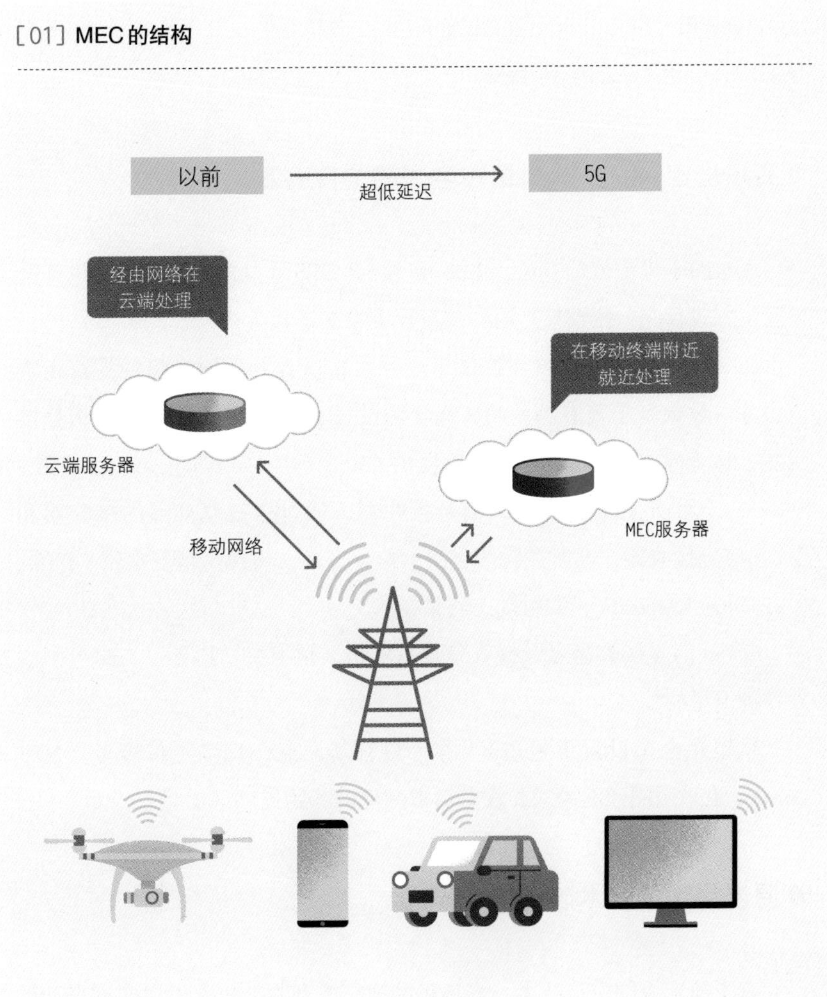

SECTION 02:

高精度位置信息 × 5G：实现误差仅数厘米的高精度定位服务

GPS 作为定位系统的代表，广为人知。

通过接收美国 GPS 卫星的电波，就能知道现在的位置。

如今，软银和 NTT Docomo 通过设置自己的定位基准点，

提供比 GPS 更高精度的定位服务。

◆高精度定位的秘密：遍布全国的“自有基准点”

现有的手机定位的方法，主要通过综合 GPS 和基站信息实现定位。这种定位方式存在一定误差，有时甚至误差会多达数十米。

而 NTT Docomo 和软银提供了一种将精度提升到厘米级的高精度定位服务。软银基于现有的基站，在全国设置了超过 3300 个高精度信号接收器，称为“自有基准点”。然后提供 GNSS（Global Navigation Satellite System，全球导航卫星系统）信号接收器，通过自有基准点的接收器和 GNSS 信号接收器，实时进行两点间的信息交换，实现高精度定位（RTK：Real Time Kinematic，实时动态测量技术）。

GNSS 信号接收器可以接收包括日本准天顶卫星“道导”卫星等国内外各种卫星的信号。

软银在全国设置了超过 3300 个自有基准点，提供定位服务。NTT Docomo 也采用同样的模式，在有需求的地区开始提供这项服务。

◆厘米级定位技术改变未来

有了厘米级的定位技术，农场里的拖拉机和收割机就可以实现自动驾

驶。在无人机和公交车上安装 GNSS 信号接收器后，无人驾驶在城市里也得以实现。未来，高精度定位和 5G 的超低延迟、高稳定性相配合，将带来新的生活方式。

[02] **软银的 RTK 定位**

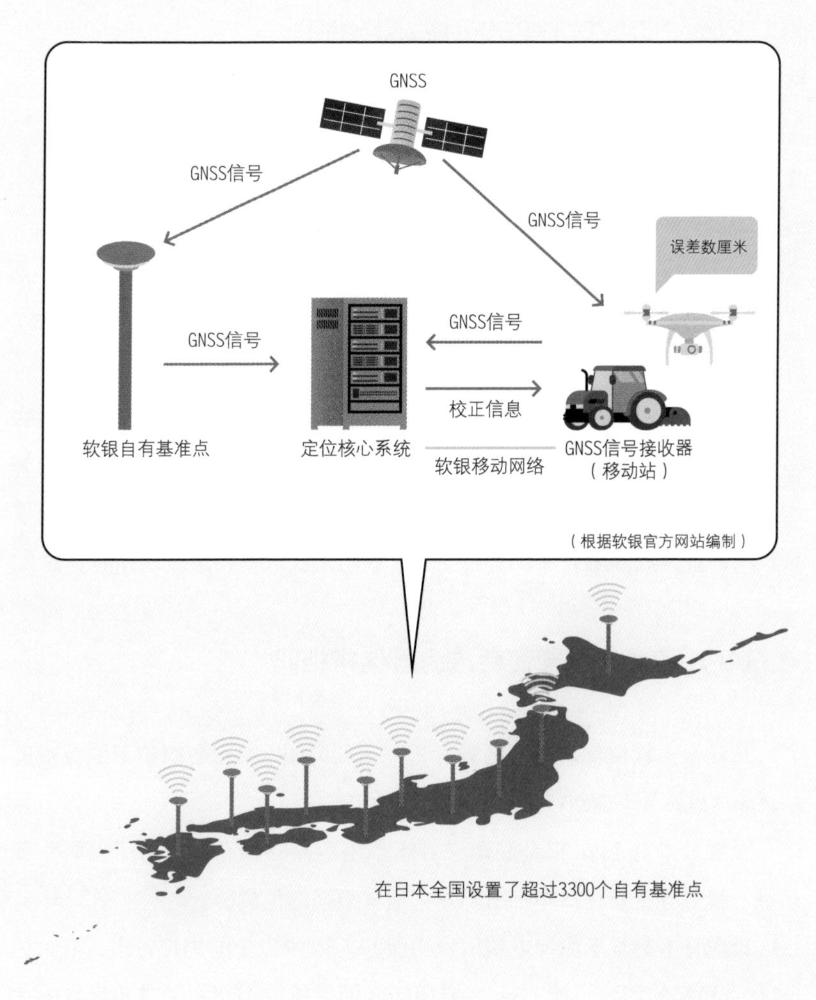

SECTION 03:

5G 推动移动通信行业和 IT 行业的整合

在 5G 时代，通信商仅凭通信服务难以持续发展，
和各行各业的合作成为关键。
NTT Docomo 以及 KDDI 和 GAFA 建立良好关系，
软银则选择站在 GAFA 的对立面。

◆通信商积极推动非通信业务发展

在 5G 时代，企业间的兼并和合作正在加速。

在美国，最大的通信商威瑞森收购了雅虎美国。而排行第二的 AT&T 也在 2018 年收购了时代华纳。

威瑞森看中的是雅虎美国的广告业务，而 AT&T 需要的是时代华纳的电影、电视剧等内容服务。5G 来临，视频内容及视频广告的需求会显著增加。通信商在 5G 的基础建设上投入大量资金，而无限流量套餐的通信费收入却看得到界限，所以有必要通过收购来获取一些通信以外的业务。

◆ GAFA 和通信运营商会成为最佳搭档吗

在日本，软银集团旗下的雅虎日本，和韩国 Naver 集团旗下的免费通信 App“Line”于 2020 年秋天进行了合并。

雅虎日本和 Line 都是起源于日本本土的互联网企业。对于谷歌、亚马逊、脸书等企业在日本不断扩张，抱有很强的危机感。

雅虎日本起步于面向电脑用户的服务，30 岁以上的用户较多，有大约 6000 万稳定的用户。而 Line 主要面向智能手机，用户主要是年轻人，大

约有 8000 万用户。两家公司的合并，意在将手机付款及网上购物等服务，推向更广阔的人群，以和谷歌、亚马逊、脸书等 IT 巨头抗衡。

另外，NTT Docomo 则选择和亚马逊深度合作。2019 年 11 月，NTT Docomo 推出一项“千兆手机”的优惠套餐。办理这个套餐，就可以免费获得原价 4900 日元每年的“亚马逊 Prime”会员，享受亚马逊网购免运费、次日送达，以及亚马逊视频免费观看及音乐无限畅听的服务。后续 NTT Docomo 还在考虑推出 5G 无限流量加畅享亚马逊视频的套餐计划。

KDDI 和网飞合作，推出了视频会员和手机通信费打包的优惠套餐，并宣布计划进一步和脸书、亚马逊就 5G 的应用进行合作。

可以判断，5G 时代下，通信运营商和互联网企业之间的合作将变得逐步紧密起来。

[03] **日本的通信商和GAFA之间的合作关系**

	谷歌	苹果	脸书	亚马逊	其他
Docomo		iPhone		亚马逊Prime 会员优惠	
KDDI		iPhone 苹果音乐	XR应用	5G云	网飞视频 套餐
软银	Pixel 独家代理	iPhone			雅虎日本和 Line合并
乐天					

※GAFA：代指美国四家互联网巨头Google、Apple、Facebook、Amazon

SECTION 04：

两种 eSIM：使用方便，轻松切换

智能手机中，有一张被叫作 SIM 卡的通信卡。
是手机能拨打电话和网络通信的关键。
而近来，将套餐内容直接写入手机的 eSIM 登场，
可以预见，SIM 卡将会被 eSIM 所替代，逐步消失。

◆什么是 eSIM

所谓 SIM 卡，是在一张小小的卡片上植入了一片很小的 IC 芯片。在这个 IC 芯片中，记载着手机号码以及其他套餐内容。而近来，可以应对 eSIM 的机型逐渐增多。eSIM 的 e 代表 embedded，是英文“嵌入”的意思。eSIM 就是嵌入式 SIM 卡的意思。

虽然都被叫作 eSIM，实际上分为两种。

第一种正如其名。所谓“内嵌式”，是带有 SIM 卡功能的芯片被内置在手机内部，不能随意取出。这可以让 SIM 卡选择更小的尺寸，耐振动、耐腐蚀性能也得到提升，而且可以在更广的温度范围内使用。包括汽车领域，也在考虑使用这种内嵌式 SIM 卡。

◆出国旅游时，可以用 eSIM 签订当地的廉价通信套餐

第二种，是指带有对 SIM 卡中的信息进行远程配置（RSP，Remote SIM Provisioning）功能，就可以称作 eSIM。此时不论是内置在手机内部或是通过卡槽安装的 SIM 卡，只要其中的信息可以重新配置，就可以被看作 eSIM。

这样一来，不需要像现在这样对手机卡槽中的 SIM 卡进行更换，只需要向 IC 芯片中写入新的套餐信息，就可以立刻开通新套餐的使用。比如，

eSIM 手机的使用者，在去国外旅游时，可以提前办理当地的廉价通信套餐并写入 eSIM。这样，就不需要在到达目的地下飞机后，再去机场里辛苦地寻找预付电话卡，而在飞机着陆打开手机的一瞬间，就开始收到当地的通信信号。

5G 时代，所有事物都会和网络相连。一些由于尺寸原因不能安装 SIM 卡的超小型设备，通过 eSIM 连接网络也得以实现。

[04] eSIM 和 SIM 的不同

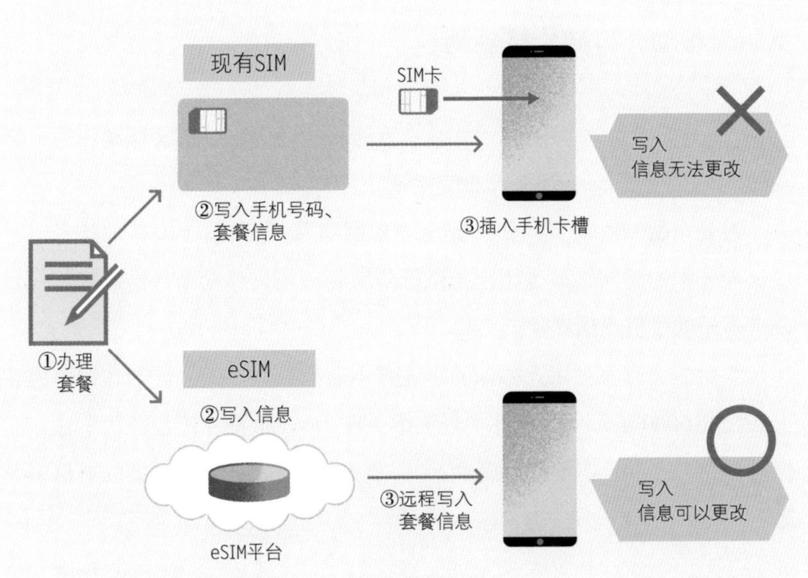

eSIM的优势（例）

- 不需要更换SIM卡，就可以切换运营商和套餐
- 去国外时，不需要更换SIM卡，就可以用上当地的通信服务

SECTION 05:

乐天移动：新玩家的大计划

2019 年 10 月，乐天作为日本第四家通信运营商，

推出了限定 5000 人的“免费支持计划”。话费、网费，通通免费。

乐天原计划于 10 月开通 5G 商用，却由于基站建设导致延迟。

作为补偿，推出了免费套餐计划。

◆乐天移动，打破价格规则

继 NTT Docomo、KDDI、软银三家通信运营商后，乐天移动作为“第四家通信运营商”，一脚踏入通信领域。

该公司的制胜法宝叫作“完全虚拟网络”。这项前所未有的技术，通过云端技术构建网络，为用户提供低价套餐。乐天移动期待借此降低一直以来高昂的手机通信费用。

然而，也有人对乐天移动的事业并不看好。乐天移动计划在网络搭建上共投资 6000 亿日元，这几乎赶上了 NTT Docomo 的年度设备投资额。时任 KDDI 社长的田中孝司就表示：“需要投入 6000 亿日元设备的通信事业恐怕不好做。”

◆乐天移动的优势和劣势

乐天移动目前在东京 23 区、名古屋市、大阪市、神户市等核心城区布局了自有的通信网络，在此之外的地区，主要通过借用 KDDI 网络进行漫游。而即使在城区，在地铁、地下、商业设施内的时候，也需要借用 KDDI 的网络。

乐天通信和 KDDI 的漫游合约到 2026 年 3 月截止。在截止日前，乐天移动必须要在全国范围内构建自己的网络。然而，前三家通信商正在用 700—900MHz 黄金频段逐步扩大覆盖区域，也在用 1.7GHz、2GHz、2.5GHz、3.5GHz 等频段的组合来实现高速化。相比之下，乐天移动只获得 1.7GHz、5G 的 3.7GHz、28GHz 频段，和另外三家角逐稍显力不从心。

不过，从 2020 年 6 月开启的 5G，给乐天移动带来了获胜的良机。将正在建设中的 4G 网络通过软件升级到 5G，是乐天移动和其他运营商展开区别化竞争的优势。

乐天移动如何在通信领域立足，取决于如何在自己的优势领域发挥实力。乐天的优势在于网络购物、旅游、银行、证券的积分互换的“乐天经济圈”。与此同时，其他三家运营商虽然起步于通信，也同样开始涉足网购、金融服务等领域。

[05] **乐天移动的获客战略**

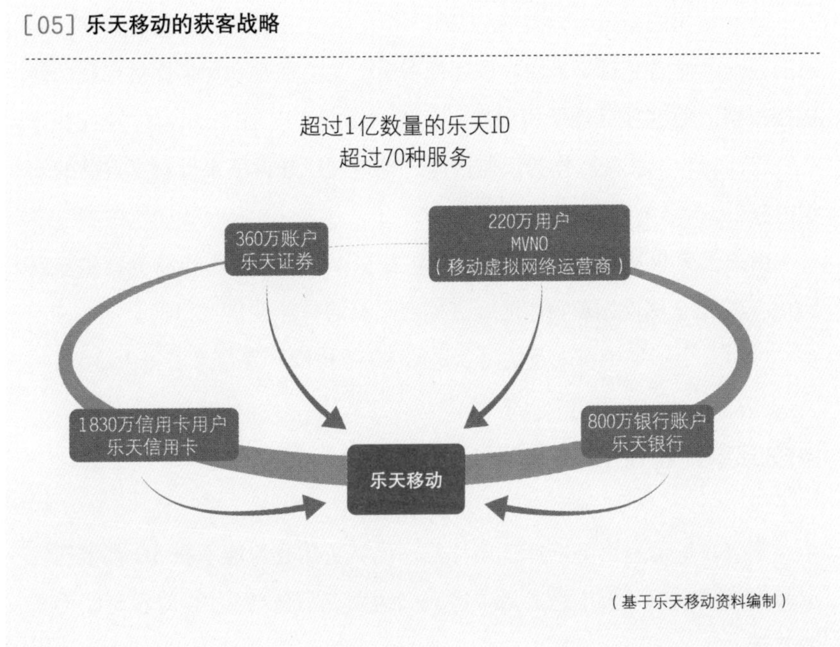

（基于乐天移动资料编制）

SECTION 06：

苹果和高通：和解的背景

高通在智能手机芯片市场占据压倒性的份额。

苹果和高通两家巨头，近年来纷争不断。

然而，在 5G 来临之时，两家公司突然和解。

恐怕苹果也知道，没有高通的芯片，就不会有 5G iPhone。

◆世纪诉讼，苹果抛弃高通

2019 年 4 月 16 日，苹果和高通就智能手机基带芯片的知识产权诉讼达成和解。

两家公司的纷争可以追溯到 2017 年。当时，苹果手机使用的正是高通的芯片，而高通对苹果在收取芯片费后，又追加要求苹果支付专利的使用授权费。而这项巨额费用引发了苹果的不满，在 2017 年以“授权费过高”将高通告上法院。作为反制措施，高通同样起诉苹果侵犯了自己的知识产权。

由此，苹果从 2016 年起，就将基带芯片从高通逐步换成英特尔。到 2018 年更是全部使用英特尔芯片，彻底将高通排除在自己的供应链外。

然而，令苹果始料未及的是，这给 5G 手机的开发带来了很大难题。

◆安卓率先适配 5G，苹果后有追兵

苹果在基带芯片上选择了英特尔，但英特尔在智能手机 5G 基带开发上却困难重重，一再推迟。另一边，高通发挥了自己从 3G 时代延续而来的基带芯片及应用处理器（AP）芯片特长，在智能手机 5G 通信方面也取

得了大量的专利。2019 年，搭载了高通基带芯片的安卓厂商先后推出了 5G 智能手机。由此，苹果后有追兵，处境十分尴尬。

此时恐怕苹果也在幻想，如果英特尔也立刻搞定 5G 芯片，好歹能在 2020 年赶上发售 5G 手机的浪潮。或者是抛弃对英特尔的幻想，苹果自研芯片，或许也有希望。为此苹果还一度在高通总部所在的美国圣迭戈市积极招聘人才。然而，库克最终也悲情宣布“自主研发恐怕还需要 3 到 4 年”。

为了不被安卓势力彻底抛在身后，苹果唯一的选择是和高通和解。在双方结束了这场诉讼后，2020 年秋天，苹果如愿以偿发售了 5G 版 iPhone。

[06] **高通在智能手机市场起飞**

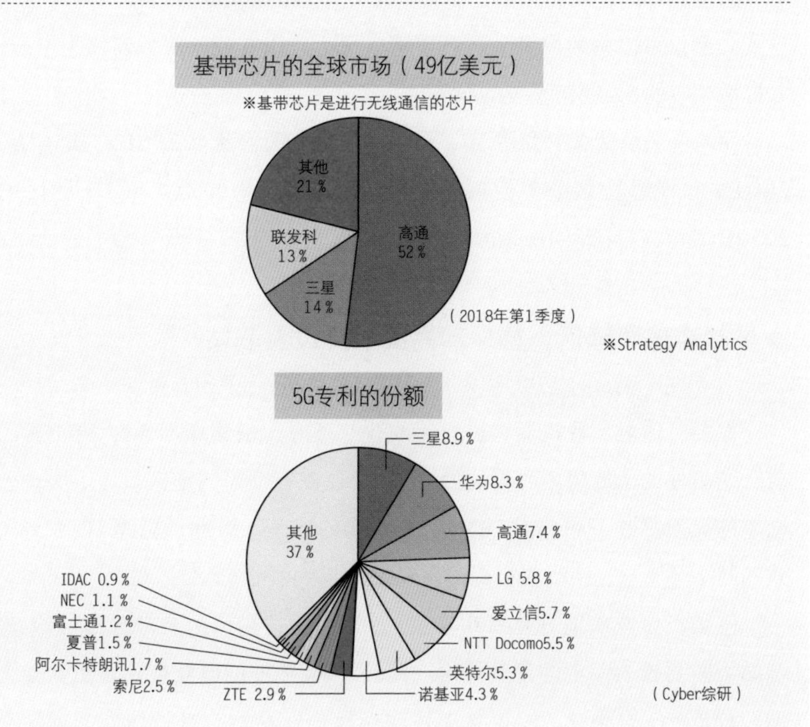

SECTION 07：

企业和地方政府开展的“局部 5G”服务

除了通信运营商提供的 5G 服务，

仅覆盖特定范围的“局部 5G”也受到很多关注。

维持费用低，企业相继入局。但网络设备的初期投资费用也许是个问题。

◆“局部 5G”备受关注

通常为手机提供通信服务的是 NTT Docomo、KDDI、软银这样的运营商。但作为 5G 的另一种形态，企业和地方政府在提供“局部 5G”通信服务上，也做足了功夫。

这是一种向建筑物内或厂区内等限定范围的区域发放 5G 使用牌照的模式。不仅可以由使用者为自己申请，也可以由专业的服务商代为申请，并提供相应的 5G 通信系统的服务。

面向普通消费者的商用 5G，是由四家主要通信商对 3.7GHz、4.5GHz、28GHz 频段进行划分并使用的。而局部 5G 使用的是 4.5GHz 频段的 200MHz 带宽以及 28GHz 频段的 900MHz 带宽。

◆虽然通信费降低，初期却需要投资设置基站

在工厂内对产业机器人进行无线化管理时，搭建局部 5G，就不再需要缴纳额外的通信费用。再比如，在 5G 还没有覆盖的地区，为了实现公交车的无人驾驶，局部 5G 也是一个不错的方案。另外，局部 5G 在封闭式的网络环境下，网络安全得到充分保障。

但是，企业或地方政府在搭建局部 5G 时，初期需要设置自己的 5G 基站，需要投入一定的建设费用。此外，5G 电波的电波使用费也需要缴纳。局部 5G 的建设，需要从上述初期投资以及后续维持两方面衡量其

经济性。

除了局部 5G，还有一种叫作“sXGP”规格的网络。这使用的是 1.9GHz 频段搭建的私人 LTE 网络。与 Wi-Fi 相比，传输距离更长，安全性更高。可以作为比如工厂内 PHS 手持电话的替代方案。包括 iPhone 和一些日本手机机型，也都搭载了 sXGP 功能。相比局部 5G，sXGP 方案可能更快得以应用。

[07] **局部 5G**

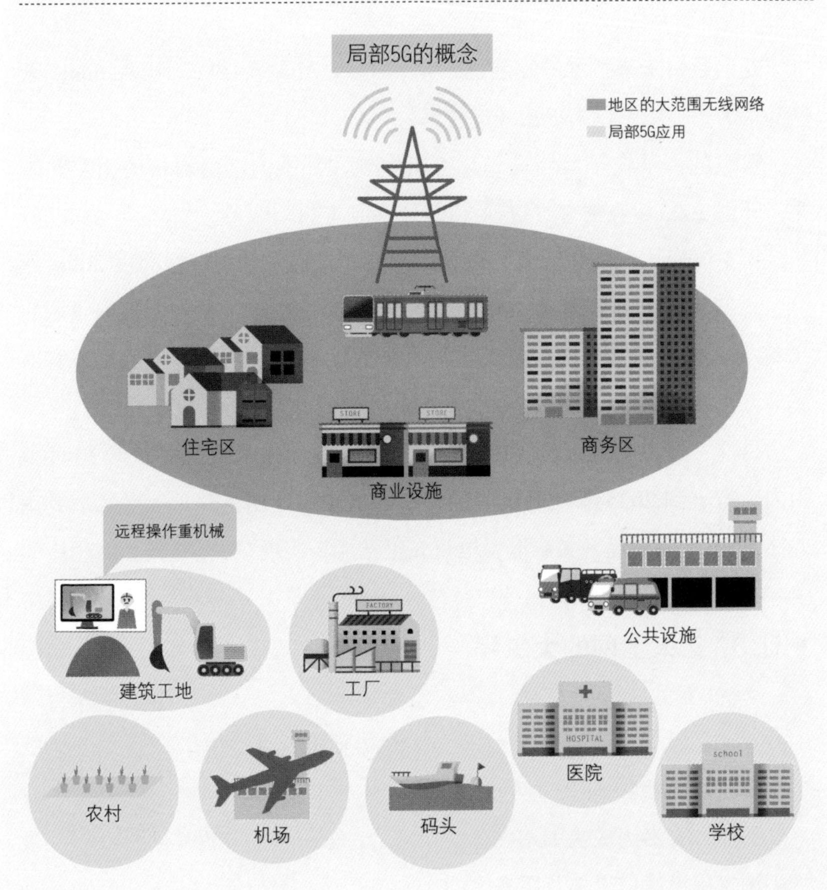

SECTION 08：

信号从天而降的 HAPS 技术

在通信行业，“天空”成为一个热门关键词。

基站在天空飞行，信号从天而降。

在非洲等基建能力欠缺的地方，这项技术有望协助实现 5G 网络的迅速覆盖。

◆无人机变身基站

提到通信未来技术的发展，HAPS（High Altitude Platform Station，天空基站）是一项不得不提的先进技术。

软银的一项在平流层通过无人机实现大范围内网络通信的 HAPS 事业，计划 2023 年在海外，进而 2025 年在日本启动服务。

在平流层飞行的无人机，通过太阳能充电提供动力。在高度 20km 上空，每架无人机有望覆盖 200km 直径的范围。这样，覆盖全日本只需要 40 架无人机。无人机所发送的电波和现有的频段一致，可以直接兼容匹配大家正在使用的智能手机。

目前，开发的无人机“HAWK30”仅能在赤道附近的南北纬 30 度范围内飞行。到 2025 年，升级版的“HAWK30”计划将这一范围拓展到南北纬 50 度。通过提升太阳能发电机充电性能，实现在日本上空的应用。

◆让 37 亿人上网的大工程

软银副社长兼 CTO、HAPS 移动公司董事长兼 CEO 宫川润一曾说：“考虑在救灾援助中使用无人机。”

然而，有潜力成为 HAPS 主要业务的，似乎还是为网络建设落后的发展中国家提供通信设施及服务。

发达国家的 5G 建设如火如荼，但全球范围内，尚有多达 37 亿人没有办法连接网络。在这些区域，要想快捷而便利地提供无线网络，“天空基站”会是一个不错的选择。

这项事业最大的难题是通信费用如何定价。宫川先生提出：“需要设定一个非洲的孩子们付得起的价格。作为一项慈善工作，免费提供也在考虑范围内，但也必须考虑一个可持续发展的商业模式。”

宫川先生之所以很在意定价，是基于为尚未连接网络的 37 亿人提供长期连接网络的强烈愿望。他也表示：“这项事业，是消除人类差别的一项重要课题。”

[08] 软银的 HAPS

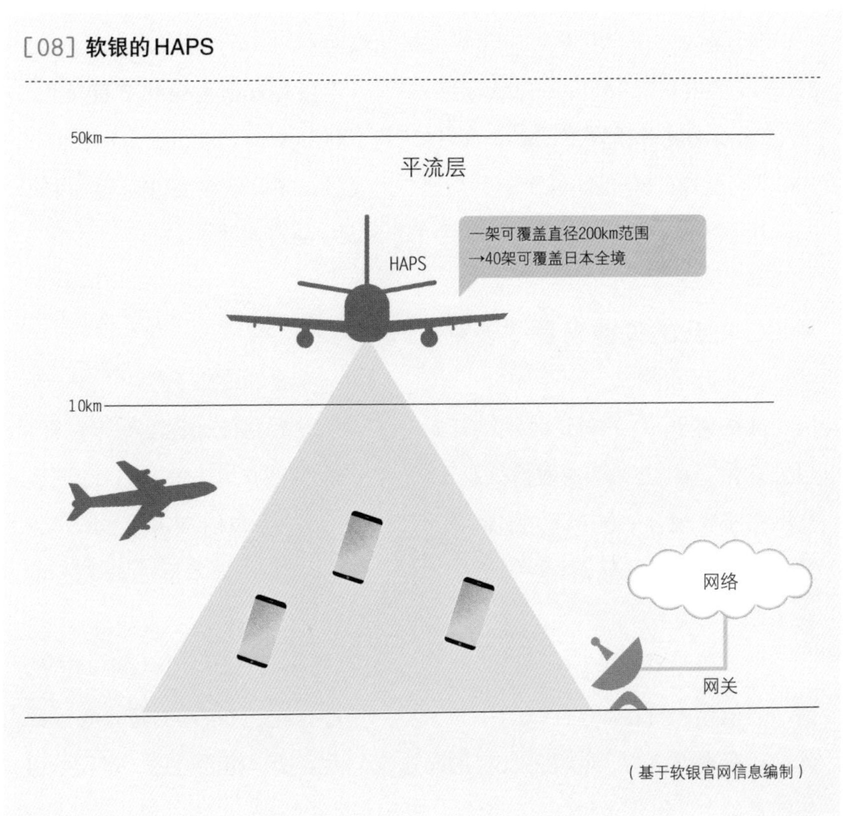

（基于软银官网信息编制）

SECTION 09:

2030 年，关注 6G 动向

5G 启动不久，业内却已经早早把目光投向 6G。

6G 技术将在 10 年后到来。

那么 6G 技术上会有什么样的进步呢?

◆ 6G 的准备工作已经上路

通信行业面向 2030 年，开始把目光投向 6G。6G，毫无疑问，将比 5G 在高速度、大容量，超低延迟，多设备连接等规格上得到更多提升。5G 的通信速度目标为 20Gbps，6G 将达到 100Gbps—1Tbps，是 5G 的 10—100 倍。此外，6G 的超低延迟，高速、大容量，多设备连接功能，将可能实现在 5G 环境下稍显困难的远程手术、5 级自动驾驶等。

◆ 6G 时代的关键词是“天空”吗

虽然关于 6G 的讨论才刚刚开始，究竟会发展到什么程度尚未可知。但被称为“4G 之父”的通信行业专家表示，“6G 或 7G 时代，Wi-Fi 和蜂窝网络将实现合并统一”。智能手机目前的通信制式包括 Wi-Fi、4G，以及蓝牙、近场通信等，“这些将来都会合并到一项通信技术里，那就是 6G 或 7G”。

另一位专家提出，“6G 时代，天空将成为关键”。信号从空中向下传播、通信无人机在天空中飞行、以天空为中心搭建起 6G 网络覆盖等。此外，还有观点认为，6G 将在 5G 的高速度、大容量，超低延迟，多设备连接的基础上，进一步增加高安全性、高稳定性的特点。

[09] 6G构想

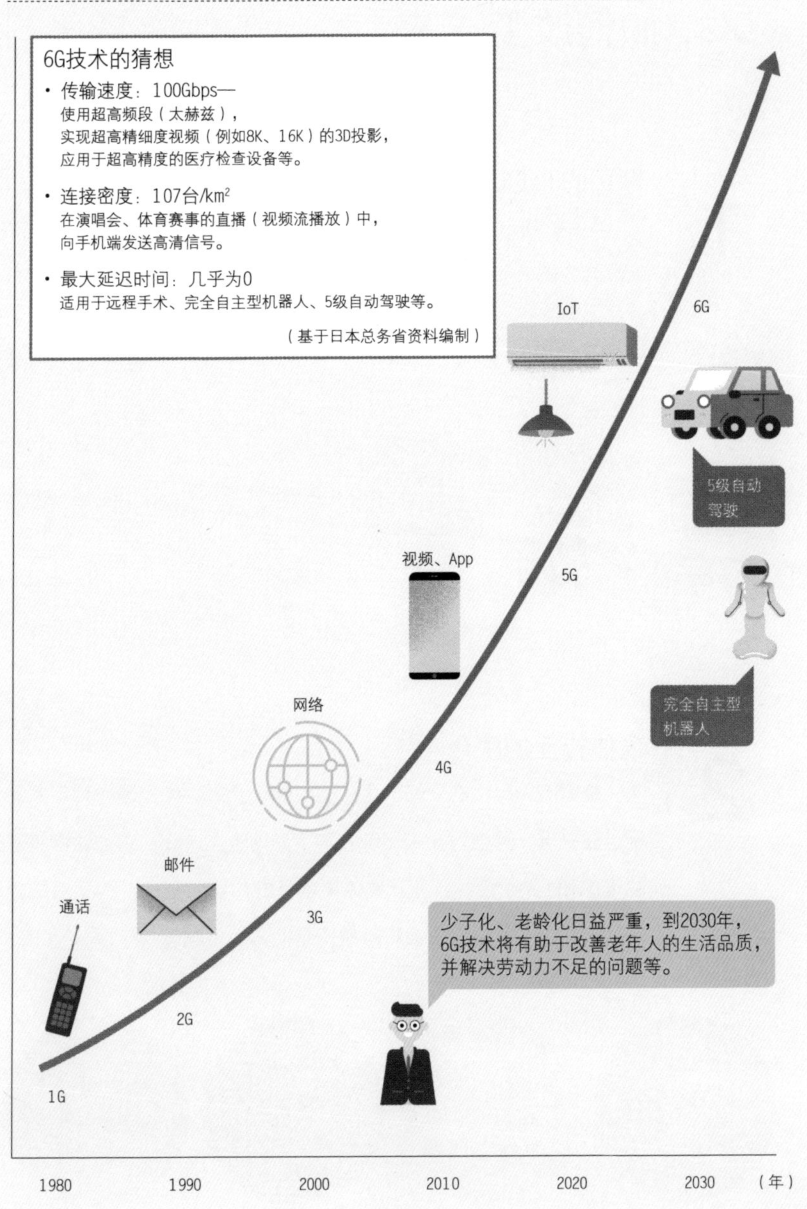
6G技术的猜想
• 传输速度：100Gbps—
使用超高频段（太赫兹），
实现超高精细度视频（例如8K、16K）的3D投影，
应用于超高精度的医疗检查设备等。
• 连接密度：107台/km²
在演唱会、体育赛事的直播（视频流播放）中，
向手机端发送高清信号。
• 最大延迟时间：几乎为0
适用于远程手术、完全自主型机器人、5级自动驾驶等。
（基于日本总务省资料编制）
IoT
6G
5级自动驾驶
视频、App
5G
完全自主型机器人
网络
4G
邮件
通话
3G
少子化、老龄化日益严重，到2030年，6G技术将有助于改善老年人的生活品质，并解决劳动力不足的问题等。
2G
1G
1980
1990
2000
2010
2020
2030
（年）

5G，如何改变未来

1 真正的IoT社会将要到来

5G时代，万物连接网络的物联网将更快发展。家居变成了智能家居，城市变成了智慧城市，工厂变成了智能工厂。应对这样的发展潮流，地方政府和企业也开始引入“局部5G”网络。

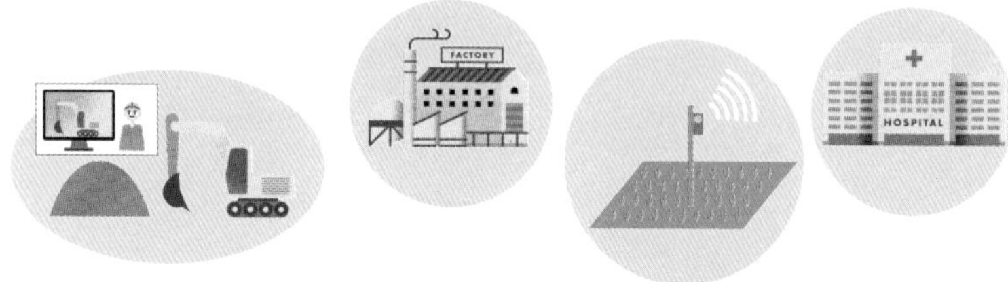

2 通信行业的整合

随着5G时代的来临，企业的收购、合并、大型合作将不断涌现。在美国，通信巨头威瑞森收购了美国雅虎；在日本，软银旗下的雅虎和Line合并。为了提供更丰富的内容和服务，为了获取更多的客户，今后通信企业和互联网企业将越走越近。

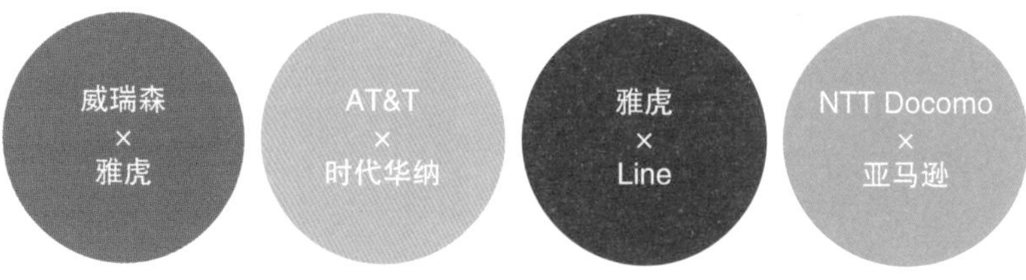

第三部分中，我们介绍了 5G 为世界以及我们的生活带来的变化和影响，并对未来的发展进行了畅想。让我们再一起回顾一下。

3 消费者享受便捷又经济的服务

随着 eSIM 的普及、总务省的新政策等，今后消费者将切实感受到在更换运营商时的便捷、网络服务的方便和充实以及更加经济合理的套餐费用。

4 向 6G 进发

虽然我们终于迎来了 5G 服务，但在通信行业内，也已经开始对预计在 2030 年左右普及的 6G 展开讨论。6G 环境下，远程手术、5 级自动驾驶等都将实现。仅仅 10 年后，我们的生活又会发生巨大变化。

专业词汇

【工业 4.0】

由德国政府提倡的制造业革命，也被称作第四次工业革命。在实现自动化生成的同时，通过安装传感器和通信设备，发现不良品及预防设备故障。IoT 及局部 5G 将有助于推动工业 4.0。

【边缘计算】

尽量靠近终端设备的一种数据处理方式。迄今为止，通常是通过云端计算，很多服务器也在海外。而边缘计算是将服务器就近设置在基站或境内，实现低延迟。

【云端游戏】

不需要专用的游戏机，将游戏安装在网络云端，只要有无线网的地方就可以进行游戏。随着云端处理能力的增强和高速网络的普及，云端游戏走进现实。电视、平板电脑、手机，任何一块屏幕都可以成为游戏的乐土。

【联网车】

随时连接互联网的汽车。通过网络随时掌握道路拥堵情况。此外，通过网络从多台汽车收集数据，通过大数据运算产生新的价值。NTT Docomo 提供的车内 Wi-Fi“docomo in Car Connect”，也是联网车的一种体现。

【智慧城市】

在街道上设置传感器和通信设备，从而提高交通和能源利用的效率。比如，在红绿灯上设置基站，并和汽车保持联通，那么汽车可以根据红绿灯情况自动刹车。在道路拥堵时，也可以通过减少汽车汇入，维持道路通畅。

【社会 5.0】

IoT、机器人、5G、AI 等高新技术的出现，为整个社会和行业带来创新，解决一系列社会问题。2016 年 1 月，日本政府发布《第 5 期科学技术基本计划》，提到社会 5.0，将在“安倍经济学”中的第三支箭“成长战略”中发挥重要作用。

【网络切片】

对通信网络的虚拟分割。将同一宽带中的一部分用于高速度、大容量传输，其他部分用于超低延迟传输。将同一个网络用于不同通途，从而提高使用效率。3GPP 标准规格 Rel.15 中首次提到这项技术的规格。这项技术预计将在 5G 的 SA 组网阶段得以实现。

【黄金频段】

700—900MHz 的频段。这个频段的电波容易传到建筑物内。软银收购 Vodafone 时，还没有获得黄金频段的使用权，所以经常被投诉信号很差。孙正义曾向日本总务省提出，“没有黄金频段，就无法和 NTT Docomo 及 KDDI 竞争”。在电视有线化之后，软银获得了空出来的黄金频段，通信质量得到了改善。

【多角度视听】

在体育赛事或演唱会上，通过多个角度的摄像机进行拍摄。观众通过手机观看时，可以自由选择视角。高速度、大容量的 5G 通信有助于实现这项技术。在 2019 年 9 月日本举办橄榄球世界杯的开幕式上，NTT Docomo 的 5G 试运行上测试了这项技术。

【局部 5G】

不通过通信运营商的网络，在工厂或局部范围内搭建、用于设备监视等用途的 5G 网络。日本总务省也为局部 5G 准备了专用频段，促进推广。此外，通信运营商以外的公司，如基建公司、设备厂家等，也纷纷加入这一领域。

【远程医疗】

通过 5G 超低延迟和手术机器人的组合，“远程手术”备受期待。然而网络稳定性的问题还有待解决，所以实际应用尚需时日。通过 8K 视频和 5G 网络的组合，远程为患者提供诊断服务，并对现场医生进行指导的“远程诊断”则更为现实。

【空间计算】

AR、MR 这样对人周边环境进行分析计算的技术。比如微软公司的 HeloLens 2 MR 眼镜，可以在实际空间中显示电脑绘图。这样，大家在开虚拟空间会议时，通过立体观看其他人的电脑绘图图像，就好像在真实空间开会、讨论，有利于改善会议效果。

【自动驾驶】

通过车体上搭载的 LiDAR（雷达激光传感器，对周围物体进行立体识别）、镜头、迷你波雷达等设备，实现自动驾驶。但仅靠 5G 并不能实现完全的自动驾驶。5G 的主要功能，体现在对车体周围的环境信息进行上传，以及在汽车停止时进行远程操控等信号传输上。

【B2B2X】

由 NTT 提出的一种商业模式。B（NTT）向 B（企业）提供服务，最终为 X（企业或个人终端用户）提供价值。此外，KDDI 的高桥社长则提出企业满足客户要求，提供持续价值的“可持续”商业模式。

【Beyond 5G】

面向 5G 之后的 6G，即对 2030 年的移动通信进行探索。NTT 使用 2 种不同的技术，已经实现了 100Gbps 的无线传输速度。未来更是可能达到 1Tbps。对 6G 的开发探索也已经早早开始。

【HAPS】

在平流层构建的通信平台。由飞行在平流层的无人机承担起基站的功能，在一定区域范围内提供通信服务。未来可以在发展中国家、山区、丘陵地带、孤岛等地区提供网络服务。

【ICT 学习】

使用电脑、投影仪、电子黑板、平板等电子设备进行学习的方式。比如每个学生拥有 1 台 iPad，4 到 5 个人形成小组，共享一个文件，在 Keynote（iOS 系统下的图文展示软件）共同编辑、讨论。老师通过 App 即可对学生的学习进度进行确认，对进度不足的学生即时介入，强化补习。

【LPWA】

Low Power，Wide Area。大意为低电力消耗、长距离传输的无线网络。是万物连接网络的 IoT 的理想平台。包括通信商提供的 LTE Cat、M1、LTE Cat、NB1（NB-IoT），以及不需要营业牌照的 LoRaWAN、Sigfox 等制式。

【MEC】

原本为 Mobile Edge Computing 的缩写，由 ETSI（欧洲电器通信标准化机构）制定了标准，目的在于对移动设备就近快速处理、降低延迟进行标准化。此后，为了将固定网（FWA，Fixed Wireless Access）或 Wi-Fi 等多点接入（Multi-Access）也包含在内，2017 年 9 月变更为 MEC（Multi-Access Edge Computer，多接入边缘计算机）。

【MaaS】

Mobility as a Service 的缩写。通过 IT 技术，将除了自驾以外的公共交通进行整合，实现无缝对接交通。ANA 在 2019 年 7 月设立 MaaS 推进部。未来出行，出租车到家门口迎接，坐车到机场乘机，落地后立刻专程前来迎接的出租车，实现无缝对接。这样的出行全部整合到一个应用程序中。

【Massive MIMO】

MIMO 是使用多个天线进行数据传输的无线通信技术。Massive 是大规模的意思，即大规模 MIMO。LTE 在 4×4 MIMO 上使用 4 个天线进行信号的接收、发送。Massive MIMO 则大量增加天线数量，使用数十个甚至上百个天线进行数据传输。

【NSA】

Non-Standalone 的缩写。2020 年日本开始商用的 5G 网使用的是 NSA，即在 4G 网络基础上使用 5G 的方式，核心网还是 4G，通话和 VoLTE 仍基于 4G。通过 LTE 锚点连接 5G 网络。NSA 也仅能实现高速度、大容量的性能，真正的 5G 仍有待 SA 的实现。

【SA】

Standalone 的缩写。核心网基于 5G 网络搭建，通话也通过 5G 网传输。不依赖于 4G 网核心网络，并可以实现网络切片，是真正的 5G。

【RSP（远程 SIM 卡配置）】

远程对 SIM 卡数据进行修改的技术。比如 Apple Watch 蜂窝网版本，在购买设备时并不包含通信套餐。而是后续通过 iPhone 上的软件，和 NTT Docomo、KDDI、软银等办理套餐，套餐内容远程配置到 Apple Watch 中。

【sXGP】

Shared eXtended Global Platform 的缩写，是使用 1.9GHz 频段的 TD-LTE 通信系统。该频段原用于 PHS 的 WiMAX 及 AXGP（软银 4G）网络。企业或团体可以通过这个系统，在一定区域内搭建自有 LTE 网络，而不需要申请政府牌照。

【Wi-Fi 6】

迄今为止的 Wi-Fi 规格名称如 IEEE 802.11ac 等，不好记忆。行业团体 Wi-Fi Alliance 将 IEEE 802.11ax 称作 Wi-Fi 6。IEEE 802.11ax 是 Wi-Fi 的第 6 代技术。与第 5 代相比，Wi-Fi 6 的传输速度更快，电池寿命更长。

【XR】

VR（虚拟现实）、MR（混合现实）和 AR（增强现实）的总称。手机芯片巨头高通在 2019 年 12 月发布了面向 XR 的芯片组“骁龙 XR2”。可以适配 5G 网络高速通信的 XR 设备备受期待。

图书在版编目（CIP）数据

未来IT图解：5G /（日）石川温著；王越骐译. —
北京：中国工人出版社，2023.11
ISBN 978-7-5008-8115-5

Ⅰ.①未… Ⅱ.①石… ②王… Ⅲ.①第五代移动通信系统－研究
Ⅳ.①TN929.538

中国国家版本馆CIP数据核字（2023）第238049号

著作权合同登记号：图字01-2023-0418

未来IT图解：5G

出 版 人 董 宽
责任编辑 邢 璐
责任校对 张 彦
责任印制 黄 丽
出版发行 中国工人出版社
地　　址 北京市东城区鼓楼外大街45号　邮编：100120
网　　址 http://www.wp-china.com
电　　话 （010）62005043（总编室）（010）62005039（印制管理中心）
（010）62001780（万川文化项目组）
发行热线 （010）82029051　62383056
经　　销 各地书店
印　　刷 北京盛通印刷股份有限公司
开　　本 880毫米×1230毫米　1/32
印　　张 4.375
字　　数 120千字
版　　次 2024年1月第1版　2024年1月第1次印刷
定　　价 52.00元